Newton
Faraday
Einstein

偉大な科学者の
生涯から
物理学を学ぶ

ニュートン・
ファラデー・
アインシュタイン

塩山忠義 Tadayoshi Shioyama

ナカニシヤ出版

互いに等速度直線運動する直交座標系（慣性系という）で観測される光の速度は常に同じであるという相対性原理を支持する結果がマイケルソン・モーリーの実験によって得られました。しかし，古典物理学では異なる慣性系においては光の速度は異なることになり，実験結果を説明できませんでした。この矛盾を解決するために，アインシュタインは時間と空間の概念を一新し，相対性原理を支持する相対性理論を確立しました。このように，アインシュタインは現代物理学の双璧である量子力学と相対性理論の確立に大きく寄与しました。

以上のように，物理学の発展に大きく寄与した理由で本書では，ニュートン，ファラデー，アインシュタインの3人の科学者たちを中心に述べています。すなわち，ニュートンとファラデーはそれぞれ，古典物理学の双璧であるニュートン力学と電磁気学の確立に寄与しました。更に，アインシュタインは現代物理学の双璧をなす量子力学と相対性理論の確立に寄与しました。

本書では，これら3人の科学者たちに関連した天才的科学者たちについても述べています。すなわち，ニュートンに多大な影響を与えた近代科学の父ガリレオ，天体がどのように運動するのかその法則を発見したケプラー，ニュートン力学から量子力学への橋渡しとなる解析力学を確立したオイラーとラグランジェ，そしてファラデーの実験で重要な役割を果たす電池を発明したボルタ，ファラデーの発見に基づいて電磁現象の理論化に成功したマクスウェル，更に，アインシュタインと同時代，量子力学の幕開けとなる「エネルギ量子」説を提唱したプランク，電子の波動性を提唱したド・ブロイ，ド・ブロイの考えに影響されて量子力学を確立したシュレーディンガーらについても述べています。

本書は私が京都工芸繊維大学において 2006 年まで約 10 年間担当した「科学技術史」の講義を敷延したものです。

本書により，古典物理学から現代物理学の確立に至る過程を理解することができるように記述しています。本書を理解するうえで役立つ科学的知識・学術語については「解説」や「補遺」で説明しています。この点において，一般な伝記とは異なった特徴をもった書籍になっています。

温故知新」という言葉があります。本書を読むことによって，先人の生き方び，読者が人生を歩まれるうえでの指針を取得されることができるならばであります。これからの時代を築く若い人たちが科学の発展に興味をもた

まえがき

　現代社会において私たちは科学の恩恵を受けて生活しています。科学がどのような過程を経て進歩してきたのかを知ることは，新しい時代の科学の扉を開くための重要な示唆を得ることになります。本書では偉大な科学者たちがどのような人生を歩み，どのような動機で発見を成し遂げたのかを，3人の科学者たちを中心に人物像が見える形で述べています。

　本書に登場する科学者たちに共通することは次のとおりです。それは，彼らの偉業は学問に対する純真な熱意による結果，成し遂げられたものであり，名誉欲や競争心によるものではないということです。

　物理学の発展過程を以下に概観します。

　ニュートンが『プリンキピア』で発表した物体の運動法則によって，宇宙の天体が何故ケプラーの法則に従って運動するのかが解明されました。これによ[り]，コペルニクスによって提唱されガリレオやケプラーに支持されていた地[動]説が正しいことも示されました。彼の確立した力学はニュートン力学と呼[ばれ]19世紀末まで支配的な力学となりました。

　一方，磁気を電気に変換する電磁誘導を発見したファラデーにより電[気]が探究され，更に，ファラデーの実験的成果に基づいてマクスウェル[による理]論化がなされ，電磁気学が確立しました。ニュートン力学と電磁気[学は19世]紀末まで，物理学を支配し古典物理学の双璧と言われました。

　しかし，19世紀末から20世紀初頭に，これらの古典物理学で[は]説明できないことが分かりました。熱せられた物体からの熱輻射[と温度や波]数の関係についての実験結果は古典物理学では説明が困難でし[た。この]実験結果に適合するプランクの公式が導出されました。この[公式の解]釈からプランクはエネルギ量子の概念を発見しました。19[00年アインシュ]タインは，エネルギ量子説を取り入れ，光を物質に放射す[るときに観測さ]れる光電効果という現象を理論的に解明することに成功[し，量子説が]正しいことを確証しました。それ以降，エネルギ量子説[に基づく量子力学がニ]ュートン力学の次代を担う力学として確立されました[。]

れることを願い本書の執筆に至りました。

　本書に用いる写真を撮るため，王立研究所内のファラデー博物館を訪れてくださった立教大学法学部長松田宏一郎教授に謝意を表します。

　本書をまとめるにあたって，種々のお世話をいただいたナカニシヤ出版の米谷龍幸氏と由浅啓吾氏はじめ多くの方々に感謝申し上げるとともに，参照した書籍の著者に厚くお礼申し上げます。

　2019 年 10 月

京都にて

塩山忠義

目　次

まえがき　*i*

第 I 章　アイザック・ニュートン ——————————— *1*

  1　おいたち　*2*
  2　ケンブリッジ大学入学　*4*
  3　天文学を中心とした大陸での学問的動向　*6*
  4　バロー教授との出会い　*12*
  5　研究者への道　*14*
  6　大学での教育・研究　*18*
  7　『プリンキピア』　*23*
  8　大学の危機　*28*
  9　ロンドンでの生活　*30*

  解説 1-1　ケプラーの法則　*8*
  解説 1-2　振り子の法則　*12*
  解説 1-3　落体の法則　*12*
  解説 1-4　望遠鏡の原理　*17*
  解説 1-5　光電効果　*22*
  解説 1-6　運動の三法則　*24*
  解説 1-7　剛体の力学　*35*
  解説 1-8　最小作用の原理　*36*

  補遺 1-1　ガリレオ・ガリレイ　*10*
  補遺 1-2　光の二重性　*21*
  補遺 1-3　ニュートン力学のその後　*33*

第 II 章　マイケル・ファラデー ——————————— *39*

  1　おいたち　*40*
  2　転　機　*43*
  3　研究者への扉を開く　*48*

v

4　エールステッドの発見　*52*

5　塩素ガスの液化　*55*

6　英国王立協会フェローに選出される　*59*

7　電磁誘導の発見　*61*

8　電気分解の法則の発見　*68*

9　誘電体，光と磁気，磁性体の研究　*72*

10　ファラデーの社会的貢献　*76*

11　晩　　年　*79*

解説 2-1　王立研究所　*44*

解説 2-2　デイヴィー灯（Davy lamp）　*51*

解説 2-3　気体の液化　*56*

解説 2-4　誘導リングによる実験　*63*

解説 2-5　マクスウェルによる電磁現象の理論化　*65*

解説 2-6　電気分解の法則　*71*

解説 2-7　化学当量　*71*

解説 2-8　誘電率とは　*73*

補遺 2-1　ファラデーの塩素ガスの液化の歴史的意義　*58*

補遺 2-2　ベンゼン環　*60*

補遺 2-3　磁力線と電力線　*64*

補遺 2-4　電磁誘導の現代的解釈　*66*

補遺 2-5　ボルタ電池の発明　*69*

第Ⅲ章　アルバート・アインシュタイン ——————— *83*

1　おいたち　*84*

2　チューリッヒ工科大学　*87*

3　特許局　*89*

4　3 つの論文発表　*92*

5　特殊相対性理論までの歴史的背景　*95*

6　特殊相対性理論　*98*

7　特殊相対性理論からの帰結　*100*

8　大学での研究　*103*

9　一般相対性理論　*106*

10　一般相対性理論の正当性の確認　*110*
11　ノーベル賞　*114*
12　ソルベー会議　*117*
13　プリンストン　*122*

解説 3-1　質量欠損　*102*
解説 3-2　ミンコウスキー 4 次元世界　*107*
解説 3-3　重力場での光の進路　*111*
解説 3-4　一般相対性理論による惑星の近日点移動の解析　*112*

補遺 3-1　エネルギ量子　*93*
補遺 3-2　プランクの公式　*94*
補遺 3-3　マイケルソン・モーリーの実験　*97*
補遺 3-4　特殊相対性理論の定式化までの経緯　*99*
補遺 3-5　シュレーディンガー　*120*

年　　譜　*127*
事項索引　*131*
人名索引　*134*

第 I 章
アイザック・ニュートン
(Isaac Newton)

1 おいたち

ニュートンの誕生

アイザック・ニュートン，彼が発見した法則により天体の運動が解明された。彼が確立したニュートン力学は，後にファラデー（Michael Faraday）による電磁現象の探究とマクスウェル（James Clerk Maxwell）の理論化によって確立された電磁気学とともに古典物理学の双璧を成すものとなった。

ニュートンは近代科学の父ガリレオ（Galileo Galilei）が没した翌年，1643年1月4日（ユリウス暦では1642年12月25日）にイングランド王国のリンカンシャ州ウールスソープの領主邸で生まれた[1]。ニュートンの父アイザック（Isaac Newton senior）は農夫で，先祖伝来の領地と邸を所有し，少数の借地農民の領主でもあった。このような領主は当時，自作農ともいわれた。しかし子息のニュートンが生まれる3カ月前に病死した。

ニュートンの母（Hannah）はニュートンが3歳のときに近くの村ノース・ウィザムにある教会の牧師スミス（Barnabas Smith）と再婚した。継父となるスミスはニュートンを新しい家庭に連れて来ないことを結婚の条件にしたため，ニュートンはウールスソープで祖母（Margery Ayscough）に育てられた。

当時の社会的背景は次のとおりである。1649年にチャールズ一世が処刑され，清教徒革命が始まった。1653年にクロムウェル（Oliver Cromwell）が護民官となり，1658年まで清教徒と王党派の内乱が続いた。少年ニュートンたちが住んでいたウールスソープのような田舎にまで清教徒の兵士が王党派を追討したほど政情不安定な時期であった。

キングス・スクール入学

1653年に継父が逝去したため，ニュートンは祖母，母，異父弟1人と異父妹2人と共に大家族で暮らすことになった。大家族で暮らすようになってから1年後，ニュートンはグランサムにあるキングス・スクール（1528年に創設）に

---

[1] ニュートンの生涯については White（1998），Gleick（2003），スーチン（1977）を参考に記述した。また必要に応じて島尾（1979），ウェストフォール（1993），パーカー（1995）を参照した。

図 1-1　ニュートン生家のウールスソープの領主邸（2016年6月著者撮影）

入学した。この学校はオックスフォード大学やケンブリッジ大学の入学準備をする学校として高い評価を得ていた。グランサムは人口1000人未満の小さな町であったが，リンカンシャ州の経済の要所であり，農産物の集散地として重要な町であった。

　グランサムはウールスソープから約7mile（約11km）離れており，キングス・スクールは徒歩で通うには遠かった。ニュートンはグランサムにあるクラーク家に下宿した。薬剤師であるクラーク氏の後妻がニュートンの母の友人だった。連れ子のキャサリン・ストーラー（Catherine Storer）もいた。ニュートンより2歳年下の彼女は陽気な性格で，田舎から出てきた内気な彼を緊張からときほぐしてくれた。後に2人は結婚を考えるほどの仲になる。

　ニュートンは学校の勉強には興味を示さず，入学時，最も下の成績のクラスにいた。その頃，ニュートンが興味を抱いていたのはクラーク氏から化学について教わることだけだった。ある日，彼より上の成績の同級生に腹を強く蹴られたことがあった。その放課後，教会の敷地内で，ニュートンは怒りに燃えて同級生に決闘を申し込んだ。相手はニュートンよりたくましい体格であったが，ニュートンは気迫と決意をもって優位に戦ったので，闘いの末，同級生に戦意を無くさせた。その時，ニュートンは，その同級生より上の成績になることを心に誓った。この出来事以来，ニュートンの成績が短期間で上向き出し，校長も驚く程，勉強に興味を抱くようになった。

4

　彼の母は領地からの収入も増し裕福な暮らしができるようになっていた。そこで彼女は領地の管理業務を長男であるニュートンに任せることにした。そのため，成績が上向き出していたにもかかわらず，ニュートンを1658年から2年間休学させ，農場の仕事を手伝わせた。しかし，彼は仕事に取り掛かって2，3時間もすると，我を忘れて思索にふけることがしばしばであった。彼は農場の仕事には不向きであった。

　ニュートンには，ケンブリッジ大学を卒業して英国国教会の牧師になっていた伯父アイスコフ（William Ayscough）がいた。この伯父がニュートンの母を説得し，1660年，彼をキングス・スクールに復学させた。

　この年にチャールズ2世が即位し，王政復古がなされ，政情が安定する時代を迎えた。

2　ケンブリッジ大学入学

　1661年6月5日，ニュートンはケンブリッジ大学トリニティ・カレッジに入学した。同期生40人のうち，ほとんどが上流階級の青年たちであった。彼らは有名なパブリック・スクールでケンブリッジ大学への入学準備をしてきた何不自由のない学生たちであった。ケンブリッジ大学では学生は特別自費生（fellow-commoners），一般自費生（pensioners），免費生（sizars），准免費生（subsizars）に分類されていた。特別自費生は特権をもつ裕福な学生であり，立派なガウンを身にまとい食事は一段高い食卓でとった。一般自費生は授業料と寄宿料を支払い英国国教会の牧師を目指した。免費生は授業料と寄宿料を免除され（准免費生は授業料を支払う），フェロー，特別自費生，一般自費生らの召使いとなり部屋の掃除などをした。免費生は召使いとして仕える学生の食事が済むのを待ってから最後に残っているものを食した。ニュートンはまず准免費生として入学し，その後すぐ免費生となった。

　ニュートンの母は経済的に裕福な状況にあったにもかかわらず，子息を領地の管理業務に着かせる希望をもっていて学問にはあまり関心が無かったため，子息の学資には少ししかお金を出さなかった。そのため，ニュートンが大学に入学するには，免費生あるいは准免費生として入学しなければならなかった。

特権的な学生の召使いの仕事をこなさなければならなかったが，それでも学問にあこがれていたので，免費生としてケンブリッジ大学に所属した。

　免費生であるという立場は上流階級の学生たちから軽蔑されているか，または，ほとんど無視されていただろう（White, 1998: 47）。このことは彼を内向的な性格にした。寄宿舎は2人の相部屋であった。彼のルームメイトは上流階級出身で多くの友人がいた。その友人たちが部屋に訪問した時は騒がしく，彼は静かに勉強することができなかった。そのような時，彼は中庭に出て夜空の星を眺めながら静かに考えごとをすることがたびたびあった。たまたま，ニュートンと同じ悩みをもって中庭にいた学生が，ニュートンと自分が同じ部屋に寄宿できるように大学に交渉しようと提案した。この提案が実現したおかげで，ニュートンとその学生は相部屋で静かに勉強できるようになった。

　ニュートンがケンブリッジ大学に入学した当時，大学のカリキュラムは基本的には中世のそれを引き継いでいた。大学教育の内容は神学，古典学，法律，医学であり，特に神学と古典学が重視されていた。数学を含む自然科学や近代史はカリキュラムにはなく，近代語も満足なレベルでは教えられていなかった。そのため，後述するようにニュートンも数学は独学で習得している。大学での学問の基礎はアリストテレス哲学であり，論理学，倫理学及び修辞学が哲学を学ぶ基礎であった。しかし，当時，大陸の大学では，ガリレオ，デカルト（Rene Descartes），ケプラー（Johannes Kepler）などの思想が注目を集めていた。ニュートンはカレッジの図書館で，デカルト，ガリレオ，ケプラーの思想について勉強をした。ニュートンはデカルト哲学をいち早く学んだ人物でもあった。

図1-2　ケンブリッジ大学トリニティ・カレッジ

図 1-3 ルネ・デカルト (1596–1650)　　図 1-4 ヨハネス・ケプラー
　　　（1649 年の肖像画）　　　　　　　(1571–1630)（1610 年の肖像画）

彼はアリストテレスの言葉にアリストテレスの名を挿入して「プラトンは私の友人である。アリストテレスも友人である。しかし，私の第一の友は真理である」とメモ書きしている（Gleick, 2003: 26）。このメモ書きはニュートンの将来の姿を想像させるものであった。

3　天文学を中心とした大陸での学問的動向

　ニュートンの発見の背景をなした大陸での学問的動向について天文学を中心として説明する。

　まず，1543 年にコペルニクス（Nicolaus Copernicus）が『天体の回転について（*De revolutionibus orbium coelestium*）』を出版した。この本で，彼は太陽を宇宙のほぼ中心に置き，地球がその周りを動くという地動説を述べた。彼の弁護者として，ブラーエ（Tycho Brahe）の天体観測データを解析したケプラーとガリレオが現れた。

　ブラーエの天文学への貢献ははかりしれないほど大きく，天体観測の機器に革命をもたらした。同時に，彼は天体観測の方法にも大きな変革を成し遂げた。たとえば，惑星を観測するとき，それまではある特定の一時点のみ惑星を観測していたのに対し，彼は連続的に惑星の軌道を観測することによって，それまでとは格段に精度の高い観測データを整えた。

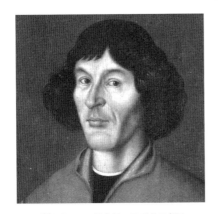
図1-5 ニコラウス・コペルニクス
（1473-1543）（1580年の肖像画）

図1-6 ティコ・ブラーエ
（1546-1601）（1596年の肖像画）

　ニュートンが，天体の運動を支配しているのは何なのかを考え，その基本的原理を探求するときの重要な根拠となったのは，惑星がどのように動くのか，ということに関する知識である。この惑星の運動の法則（解説1-1参照）を発見したのがブラーエの天体観測データを解析したケプラーであった。

　ニュートンが，物理現象全般を理解するに当たって，大きな影響を受けたのはガリレオ（補遺1-1に詳述）の理論であった。ニュートンはガリレオの運動論に含蓄された根本思想を，さらに一般化し発展させ，それを体系化することによって，近代運動論としてのニュートン力学の体系を確立したのである。

　ガリレオの研究業績において，革命的であった点は次の2点である（サジェット，1992）。

①時間を物理現象の基本量として導入した。
②それまで，哲学的に捉えられていた自然の現象を，重さ，長さといった数量的に記述できる量で表現した。

　さらに，彼は実験に基づき数学の言葉で物理現象の法則を説明することを初めて行った。彼以降，この説明方法が科学者のとるべき最も重要な態度となった。すなわち，観念的な言葉だけでは説得すべきではないということになった。

解説1-1　ケプラーの法則

■楕円の性質

ケプラーの法則を理解するために，まず楕円の性質について説明する。図1のように楕円の半長径をa，半短径をbとする。楕円の2つの焦点をf_1, f_2とする。焦点f_1と楕円上の点Pの間の距離をrとする。Pがf_1に最も近い近日点のrをr_1，最も遠い遠日点のrをr_2とするとき，aは$(r_1+r_2)/2$で表され，bは$(r_1 r_2)^{1/2}$で表される。ただし，$(\ )^{1/2}$は平方根（ルート）を表す。

半長径はケプラーの第三法則の記述に用いられた。近日点は解説3-4（☞ 112頁）で一般相対性理論の正当性を検証するものとしての「水星の近日点の移動」の記述においても現れる。

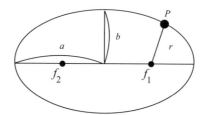

図1　半長径aと半短径b：f_1, f_2は焦点

■ケプラーの第一法則

ケプラーはブラーエの正確で膨大な天体観測データを解析した。その結果，彼は火星の運動について，「それは太陽の周りに楕円形を描いて運動し，しかも，その楕円の焦点の1つが太陽の位置になっている」ことに気づいた。この事実は，他のすべての惑星についても正しいことがわかった。これが「ケプラーの第一法則」，すなわち「惑星の軌道は図2のように太陽の位置が焦点である楕円を描く」ことである。

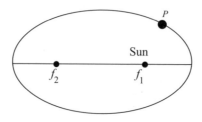

図2　ケプラーの第一法則

■ケプラーの第二法則

さらに，ケプラーは「ケプラーの第二法則」，すなわち「太陽と惑星を結ぶ直線が描く面積は，図3のように惑星が楕円上を同じ時間運動するとき等しい」ことを発見した。このことは，1609年にハイデルベルグで出版された『新天文学 (*Astronomia nova*)』の中で公表された。

後にニュートンにより，惑星に働く引力が太陽からの距離の逆二乗に比例するならば，このケプラーの第二法則が導かれることが証明された，すなわち，引力が距離の逆二乗則に従うならば，惑星は楕円軌道を描くということの証明にケプラーの第二法則が役立ったのである。

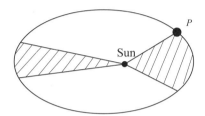

図3　ケプラーの第二法則

■ケプラーの第三法則

1619年に，リンツで出版された『宇宙の調和 (*Harmonices mundi libri*)』の中で，任意の2つの惑星に対して，「公転周期の二乗の比は，楕円の半長径（長径の半分の長さ）の三乗の比に同じである。すなわち，公転周期の二乗は半長径の三乗に比例する」という「ケプラーの第三法則」が公表された。

このケプラーの第三法則が成り立つならば，惑星に働く引力は太陽からの距離の逆二乗に比例することがニュートンにより証明された。惑星が楕円軌道を描くならば，引力は距離の逆二乗則に従うということの証明にケプラーの第三法則が役立ったのである。

これら3つの新しい法則を発見するために火星のデータ整理に彼が使用した計算紙は約千枚に及んだ。

なお，ケプラーの著作の邦訳については章末の参考文献を参照いただきたい。

補遺 1-1　ガリレオ・ガリレイ

　ガリレオは1564年にイタリアのピサの近くで7人兄弟の長男として生まれた。父（Vincenzo Galilei）は，彼に医学を学ばせたかったので，1581年にピサ大学に入学させた。しかし，彼は医学よりユークリッドの幾何学や，数学を物理の問題に応用したアルキメデスの手法に興味をもっていたので，医学の学位を取れずに1585年，ピサ大学を中途退学することになった。

　その後，ガリレオはフィレンツェで数学の個人教授をした。この時，彼は小天秤を作り，物質の比重を測定した。それからシエナの学校で数学を教えた。1587年に，再びフィレンツェに戻り個人教授をしながら，運動に関する原稿を書き貯め始め，1589年に，ピサ大学の数学教授に就任した。物体の運動の法則の研究を行い「重い物体が軽い物体より速く落下することはない」という結論を得た。また，大聖堂内において，シャンデリアの振れの間隔を自分の脈によって測り，シャンデリアが振れの大きさ，すなわち振幅に無関係に常に同じ間隔で振れていることに気づいた。この時，彼は振り子時計の原理（解説1-2参照）にも気づいたのである。

　1592年に，彼はパドゥァ大学の数学教授に就任した。1595年に，コペルニクスの地動説を支持した。1597年にドイツの天文学者で数学者でもあるケプラーへの手紙で，彼は自分がコペルニクス論者であることを明かした。1602年に，振り子や斜面上の落体運動の研究を始めた。この落体運動の研究で斜面を用いたのは，垂直方向の落体運動より斜面上の落体運動の方が時間と落下距離の関係を観測するのに便利だったからである。1604年に振り子の法則と落体の法則（解説1-3参照）を発見した。

　1608年に，自由落下運動における時間と速度の比例関係に言及し，測定により，大砲の軌道は放物線であることを発見した。1609年の初めの頃，オランダの眼鏡師リッペルハイ（Hans Lipperhey）が望遠鏡（解説1-4参照）を発明した。この発明のきっかけは，たまたま凹レンズを眼の側に，凸レンズを対物側にして，遠くにある教会の尖塔を彼が見たとき，尖塔が驚くほど大きくはっきり見えたことである。この発明を聞いたガリレオは，リッペルハイの望遠鏡と同じ凹と凸のレンズの組み合わせだが，レンズ表面が所望の曲率になるようにレンズを磨き，倍率30倍の望遠鏡を作製することに成功しヴェネチアの総督に献上した。一方，ケプラーは，凹と凸の組み合わせでなく，2枚の凸レンズの組み合わせで望遠鏡を作った。これで，視野が広くなったが，異なる色の光は異なるところに焦点を結ぶという色収差の問題や球面収差の問題が残った。

　1609年の夏，ガリレオは自作の望遠鏡で月面を観測してそこにクレータがあることを知った。翌年に，その望遠鏡を使って彼は木星の4つの衛星も発見し，『星界の報告（Sidereus Nuncius）』を出版してヨーロッパ中に彼の名が知られるように

図　ガリレオ・ガリレイ（1564–1642）（1636年の肖像画）

なった。

　1632年，ガリレオはフィレンツェで『天文対話（*Dialogo sopra i due massimi sistemi del mondo*）』（もしくは『二大世界体系についての対話』）を出版し，地動説において抱かれる疑問，すなわち，「地球が自転したり太陽の周りを公転する場合，その動きを人はつゆほども感じないのはなぜか」という疑問に「慣性の法則」を用いて答えた。しかし，慣性の法則の明確な定式化は，ガリレオによってはなされなかった。後年，ニュートンがそれを成し遂げた。

　当時，地動説を唱えるものは異端者扱いされていた。ガリレオが出版した『天文対話』も検邪聖省（以前の異端審問所）により検査され，ガリレオは1633年にローマへ召喚され，裁判を受けた。裁判の結果，ガリレオは終身，自由を奪われることになり，『天文対話』は禁書目録に載せられた。1638年に，『新科学対話（*Discorsi e dimonstrazioni mathematiche intorno a due nouve Scienze, attendi alla meccanica ed ai movimenti locali*）』（直訳すれば『機械学と位置運動についての二つの新しい科学に関する論議と数学的証明』）がオランダの出版社エルゼヴィルから出版された。イタリアでは彼の説に関する出版は事実上禁止されていたので，他国で出版されたのである。この本の中で，ガリレオは落体の法則のすべてを数学の言葉を用いて説明した。また，前述のように1608年に発見した大砲のような投射体の運動の軌跡は放物線であることも示した。

　このように，ガリレオは多くの物理現象の法則を発見することによって近代科学の基礎を確立した。

解説 1-2 振り子の法則

図に示すように，伸縮性のない軽い糸の端に重りをつけて，それを鉛直面内で振らせるとき，振り子の周期は糸の長さの平方根に比例する。糸の長さが一定であれば，振幅に関係なく，周期は一定である。振り子の法則は振り子時計やメトロノームなどに応用される。重りの位置を変えることにより周期が調整される。

図　振り子

解説 1-3 落体の法則

図に示すように，初期に静止していた物体が静かに放されたとき，地球の重力によって落下する運動を自由落下という。このとき放されてからの時間が t のときの速度は t に比例し，落下距離は t の二乗に比例する。これらの比例係数は重力の加速度 g のみを含み，物体の質量を含まない。このことから，物体がある高さから放たれてから地上に落下するまでの時間はガリレオが示したように，物体の重さには関係せず，重い物も軽い物も同じ時間で地上に到達することになる。

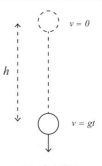

図　自由落下

4　バロー教授との出会い

ニュートンが数学の勉強において興味をもった人物はデカルトであった。デカルトは代数学を幾何学に初めて応用した。デカルトは 1637 年に，著名な『理性を正しく導き，学問において真理を探究するための方法の話。加えて，その試みである屈折光学，気象学，幾何学（*Discours de la method pour bien conduire sa raison et chercher la verite dans les sciences. Plus la Dioptrique, les Météores et la Géométrie, qui sont des essais de cette méthode*）』をオランダのライデンで出版した。この本は序文と 3 つの論文により構成されており，序文が「方法序説（Discours de la méthode）」とよばれ，付随する 3 つの論文が「屈折光学（La Dioptrique）」，「気象学（Les Meteores）」，「幾何学（la Géométrie）」である。ニュ

第 I 章 アイザック・ニュートン　13

図 1-7　アイザック・バロー（1630–1677）

図 1-8　アイザック・バローの彫像
（トリニティ・カレッジ・チャペルにて，2016 年 6 月著者撮影）

ートンはラテン語に訳され分冊出版された『幾何学』を熱心に読んだ。

　ニュートンは 1663 年に，ケンブリッジの広場の市で天文学の本を買って読んだ。しかし，その本に出てくる数学を理解することができなかった。そして，彼は自分の幾何学に関する知識不足に気づいた。彼はユークリッドの『幾何学原論』を読むことを決意した。そしてデカルトの幾何学，新しい代数学や解析幾何学についても勉強を進めていった。彼は数学の勉強をしながら，著者とは異なった彼自身の証明方法を考案した。

　ニュートンが数学に興味をもちその勉強を始めた 1663 年に，数学者で神学者でもあるバロー（Isaac Barrow）はケンブリッジ大学・トリニティ・カレッジの初代ルーカス数学教授（Lucasian Professor of Mathematics）に就任した。彼は光学と自然哲学（当時，科学はこのように呼ばれていた）を講義した。その講義をニュートンが聴講していた。バローはニュートンの才能を見出して彼を育てた良き教育者であった。

　ニュートンは免費生であったため，余分な金銭はほとんど無かったが，ケンブリッジから帰郷するとき，彼がかつて下宿していたグランサムのキャサリンや異父弟妹に，ささやかなお土産を持参するのが常であった。彼は弟妹や友人を大切にする心優しい青年であった。

　バローは，12 歳年下の名誉欲をまったくもたない純真な青年ニュートンの独

14

創性を評価し，彼はいずれ偉大な人物になるに違いないので，彼が立派に成長するように，見守るべきであると考えた（スーチン，1977: 62）。このように教授の敬愛を受けながらニュートンは勉学に励んだ。

5　研究者への道

ペスト流行

　1665年，ニュートンはケンブリッジ大学から学士の学位を与えられたが，その夏，ロンドンでペストが大流行した。そのため，大学が閉鎖され，彼は故郷のウールスソープへ帰らなければならなかった。故郷での2年間は，彼の生涯で最も独創性を発揮した時期といわれている。彼は物理学・天文学，光学，数学の問題に関して3つの重要な問題に取り組んだ。その結果，それぞれの分野において革命的な発見を成し遂げたのである。

　まずニュートンは物理学・天文学に関する研究において成果を挙げた。ニュートン生誕より24年前にケプラーは，「惑星がどのように運動するのか？」という疑問に対する答えとして，『新天文学』と『宇宙の調和』（解説1-1参照）の中で「惑星の運動の法則」を発表していた。しかし，惑星が「なぜ」そのように運動するのかは解っていなかった。

　ある日，ニュートンが自宅近くの果樹園で思索に耽っていた。この時りんごの実が彼の近くに落下したという話は伝記作家ステュークリー（William Stukeley，1726年春，ニュートンが亡くなる前に彼を訪問した）による。りんごのような地上の物体の落下に表される「物体の自由落下」については，ガリレオによってすでに詳しく研究されていた（補遺1-1，解説1-3参照）。

　ニュートンはこのとき，「りんごのような地上の物体に働く引力と同じ引力が月に働いているのだろうか？」と考えた。「もし地球の引力が月にも働いているのなら，なぜ，月はりんごのような地上の物体のように地上に落ちてこないのだろうか？」と疑問を抱いた。

　この疑問に対して，もしも，月に地球の引力が働いていないとすれば，慣性の法則により図1-9のように月（L）はその速度の方向に，直線運動をして，宇宙のはるかかなたに飛び去ってしまうだろう。宇宙のかなたに飛び去ることな

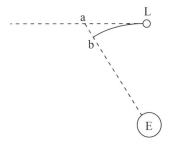

図 1-9　地球（E）の引力による月（L）の落下

く,「月が地球の周りを回転し続けている」という事実は「地球の引力の働きによって月が常に地球に向かって図 1-9 の a から b に落下していることを示している」と彼は考えた。彼は月が 1 秒間に落下する数値を計算してノートブックに記載した。それはその後 20 年間, 公表されなかった（White, 1998: 92）。

　さらに「惑星が太陽の周囲を回転する際の周期の二乗は太陽に焦点をもつ楕円の半長径の三乗に比例する」というケプラーの第三法則を天体運動が満たすためには, 太陽と惑星の間の引力がどのようになるべきかをニュートンは考えた。その結果, 彼は「引力の強さは距離の二乗に反比例する」という「距離の逆二乗則」を導き出すことに成功した。

　一瞬にして, すべての真理が天啓のごとく閃いたのではなかった。ニュートン自身が「引力の問題について常に考え続けていたが, その真実の光明が見えたのは少しずつで, 完全に明らかになるまでには時間が掛かった」（White, 1998: 85）と述べている。

　光学の研究において, ニュートンは三角形のガラス・プリズムを用いて実験した。太陽光線をガラス・プリズムに通過させると図 1-10 のように屈折して美しい虹の光が観測された。この観測結果から, 彼は「白色光は単一ではなく多種類の色の光から成る」と結論づけた。また,「光の色の種類が異なれば屈折の仕方も異なる」ことも発見した。

　数学の研究では, デカルトの著書『幾何学』の読書と恩師バロー教授から学んだ勾配と曲線の数学に影響を受けてニュートンは「微分法と積分法」を計算する方法を発明した。彼とは別に, ライプニッツ（Gottfried Wilhelm von Leibniz）も独自に「微分法・積分法」を計算する方法を発明したが, この発明

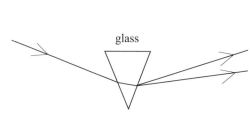

図1-10 ガラス・プリズムによる光の屈折　　図1-11 ゴットフリート・ヴィルヘルム・
　　　　　　　　　　　　　　　　　　　　　　　ライプニッツ（1646–1716）（1695年頃の肖像画）

よりニュートンの発明の方が数年早かった。ニュートンは，これらの計算方法を流率法（method of fluxions）と名づけた。彼は関数の積分法は単に微分法の逆操作であるという考えをもっていた。微分を基本的操作とすることによって，彼は面積，接線の傾き，曲線の弧長，関数の極大，極小を求める多くの異なるテクニックを統一する解析的手法を作り出した。

大学再開
　流行していたペストが下火になり1667年にケンブリッジ大学が再開された。この年の3月，大学に戻ったニュートンは大学チャペルでの3日間の口頭試問と4日間のペーパーテストから成る試験に合格し10月，トリニティ・カレッジのマイナー・フェローになった。マイナー・フェローになり，大学から俸給と手当てが支給された。何より大切なことは彼がそれまでの研究を続けられることであった。さらに，一部屋が無償で与えられた。
　彼はグランサムで下宿していたクラーク家のキャサリンと婚約していたが彼女はニュートンがマイナー・フェローになることを予想して，お互いの了解のもとに婚約はすでに解消されていた。なぜならマイナー・フェローになれば，7年間は結婚が許されなかったためである。ニュートンは，生涯を通じて彼女のことを忘れることはなかった。後に彼女は最初の夫と死別した後，再婚したが，再び未亡人になった。そのような彼女に対して，ニュートンはいつも経済

解説 1-4　望遠鏡の原理

　図に示すように，十分，遠い位置にある対象点 B を観測するとき，入射光線は平行であり，B の像 B' はレンズ L_1 の後方の焦点距離 f_o の位置に結ばれる。この B' がレンズ L_2 の前方の焦点距離 f_e の位置にあるとき，点 B' から出る光線に対するレンズ L_2 の写像空間における光線は平行であり，B' に対する像は虚像 B" として観測される。このとき，入射光線の角度を θ とし，虚像を見る視線の角度を θ' とすると望遠鏡の倍率は，次のように表される。

　　　倍率 = tan θ' / tan θ = $-f_o / f_e$

ただし，倍率が負のときは像の倒立を表す。

　凸レンズ L_1 の曲がりが著しい縁に近い部分では，通過光線は鋭く曲げられる。曲がりが最小の中心部を通る光線は曲がり方が僅かである。光線の曲がる角度に差があるために，不鮮明な像しか結ばれない。これを「球面収差」の問題という。ケプラーの望遠鏡では球面収差という困難があった（湯川・田村, 1955–1962）。

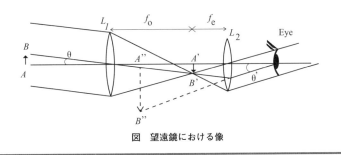

図　望遠鏡における像

的援助を惜しまなかった。

　ニュートンはマイナー・フェローになった報告をするためウールスソープに一時，帰郷した。そのとき，弟妹に望遠鏡について話した。望遠鏡はオランダで発明されて以降，ガリレオが対物レンズとして凸レンズを，接眼レンズとして凹レンズを用い，レンズを磨き焦点距離を調整して倍率を向上させた。ケプラーは 2 枚の凸レンズを用い視野を広くした。しかし，レンズの中心部と縁に近い部分において，通過光線の曲がり方に差があり球面収差により不鮮明な像しか結ばれなかった（解説 1-4 参照）。ニュートンはこの困難を避けるため，彼らとはまったく異なる新しいタイプの望遠鏡を考案した。すなわち，図 1-12

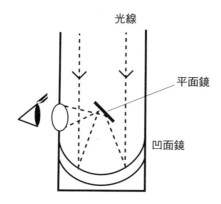

図 1-12 ニュートンの反射望遠鏡の仕組み

に示すように筒の底に凹面鏡をはめ，筒の横手から観測するように反射鏡を設置して，接眼レンズには凸レンズを用いた．このニュートンの反射望遠鏡は 40 倍の倍率であった．今日の天文台に設置されている巨大な反射望遠鏡は，もとをたどればニュートンの反射望遠鏡にまでさかのぼる．

1668 年，ニュートンは故郷からケンブリッジ大学に戻り，修士の学位 (Master of Arts) を取得した．そのことにより 3 月，メジャー・フェローにもなり俸給と手当ても増加した．

6　大学での教育・研究

ルーカス数学教授

1669 年，前述の恩師バローはニュートンの数学上の研究業績を広く世に知らせるために彼の原稿をロンドンの英国王立協会の図書館長を務めているコリンズ (John Collins) に送った．コリンズは直ちに，当代の著名な数学者全員にバローから送られてきた原稿の内容を知らせた．また，英国王立協会会長のブラウンカー (William Brouncker) にも，ニュートンの了解を得てコリンズがその原稿を渡した．しかし，その後，名誉欲や学界で頭角を現わそうという野心をまったくもたなかったニュートンが原稿の返却を求めたため，ニュートンの数学上の研究業績における詳細は不明のままとなったが，多くの数学者たちはコ

図 1-13　ニュートンの反射望遠鏡（王立協会所有の複製品）（"NewtonsTelescopeReplica"＠Andrew Dunn（Licensed under CC BY SA 2.0）（https://creativecommons.org/licenses/by-sa/2.0/））

リンズを通じてニュートンの業績の概要を理解することができた．

1669年に，バローは神学に専念するため，ルーカス数学教授職を引退し，後任としてニュートンを推薦した．こうして同年10月，ニュートンはルーカス数学教授に任命された．

ルーカス数学教授としての最初の講義は1670年1月に行われた（White, 1998: 163）．ニュートンの講義は，深く思索しながら行われたため，講義が高度すぎて理解するには困難であった．講義室に一人の学生も来ないことがしばしば起こった．特に理解するのが厳しいと思われる講義には欠席する学生が多かった．それでも，彼は学生たちに迎合して講義のレベルを下げることはしなかった．大学の中庭をよこぎって講義室に着いたときに，学生たちの姿が見当たらなかった場合，彼は学生たちが講義に出席するのを15分間だけ待って，それでも学生たちが欠席した時は静かに自分の部屋へと帰って行った．部屋に戻り自分の研究を続けた．このような学生たちの常習的欠席はニュートンが講義を始めてから17年間続いた．

一方，ニュートンのルーカス数学教授としての最初の研究は，光学に関するものであった．アリストテレス以来，すべての科学者は太陽光のような白色光が単一の成分から成ると思っていた．しかし，望遠鏡のレンズにおける色収差が，ニュートンをそれまでの常識とは異なる結論に導いた．前節で述べたように，ガラス・プリズムを通過した白色光は赤から紫までの多種類の色の広がりで観測されることにニュートンは気づいていたのである．すなわち，白色光は

異なる色の成分から成り，異なる色の光は異なる角度で屈折することを発見していたのである。

1671 年 12 月，ニュートンは自作の反射望遠鏡をロンドンの英国王立協会に寄贈した。彼の高倍率の反射望遠鏡は大きな反響を呼び，彼の名はロンドンで知られるようになった。この寄贈の後 1672 年 1 月，彼は英国王立協会フェロー（Fellow of Royal Society）に選ばれた。

英国王立協会でニュートンの反射望遠鏡がデモンストレーションされたとき，英国王立協会における実験関係の評議員のフック（Robert Hooke）は「自分はニュートンより前に同様の反射望遠鏡を作ろうとしたが，ペスト大流行で完成できなかった」と不満げに述べたことをコリンズが伝えている（White, 1998: 178）。フックはこの後，ニュートンの発表論文をも批判する態度をとるようになった（後述参照）。

最初の論文発表

1672 年，ニュートンは白色光の構成についての研究成果を英国王立協会書記オルデンバーグ（Henry Oldenburg）に提出した。それが『哲学会報（*the Phylosophical Transactions of the Royal Society*）』に彼の最初の論文「光と色の理論（Theory of Light and Colours）」として掲載された。この論文は好意的に受け入れられた。

ニュートンは，この論文によって「白色光は異なる屈折を行う複数の成分から成り，プリズムによって異なる色の成分が分離される。プリズムが光に色をつけ加えたのではない」という実験事実を示した。彼は，光は有限の速度で移動する粒子の流れと考えた。音の波はコーナーを回る回折現象を示すが光はこのようなことはなく直進するため波ではないと考えたのである。しかし，彼の「光の粒子性」の考えに対して，「光の波動性」を主張するホイヘンス（Christiaan Huygens）と，論文を吟味する立場にあったフックが批判した。また，フックは色はプリズムが光につけ加えたのだと主張した。彼らの批判に対して，ニュートンは「論文は実験で確立された事実に基づいた科学的真理である。ホイヘンスとフックが自分たちの考えに反するという理由で，私の実験事実からの帰結を軽視するのは間違いである」という旨の反論を行った（スーチ

第 I 章　アイザック・ニュートン　*21*

補遺 1-2　光の二重性

　19 世紀に，マクスウェルが 4 つの電磁方程式を導き，それらから，電界（電場の強さ）と磁界（磁場の強さ）は波動方程式を満たすことを示し，電磁波の存在を理論的に予見した。彼は電磁波の速度が光の速度に等しいことから光と電磁波の同一性を推論した。このマクスウェルの予見は後にヘルツ（Heirich Rudolph Hertz）により実験的に証明された。ヘルツが 1886 年から 1889 年までの実験によって，高い周波数の電気振動を使って電磁波を作り出し，その電磁波においても，光と同じように屈折・反射・偏光が起こることを実験で確認し，光と電磁波の同一性を結論づけた。このようにして「光の波動性」が証明されたのである。

　一方，「光の粒子性」（解説 1-5 参照）については以下に述べるように証明された。1900 年に量子力学の幕開けの役割を果たしたプランク（Max Karl Ernst Ludwig Planck）は「光のエネルギは単位となるエネルギ量子の整数倍で表される。エネルギ量子は光の振動数に比例する」という説を唱えた。この「エネルギ量子」のエネルギをもつ光が光量子（フォトン：photon）と呼ばれ，光が光量子という粒子から成り立っていることが，アインシュタイン（Albert Einstein）の光電効果（解説 1-5 参照）に関する理論によって 1905 年に明らかにされ，「光の粒子性」も証明された。

ン，1997: 112）。結局，すでに高い名声を得ていたニュートンの主張した「光の粒子性」が支配的なものとなり，「光の粒子性」の優位性は「光の波動性」が復活する 19 世紀まで続いた。

　ニュートンは，論文を発表したことを後悔した。なぜなら彼の論文に対する批判者と議論して，時間を無駄にしたと思ったのである。彼は次のように考えるようになった。すなわち自分は評判や名声などを求めておらず，そのようなものを求めることは，人生における大切な時間を無駄にするだけであり，もし自分の存在が誰にも知られていなかったら，自分はさらに十分な時間を思考のために使うことができる，と（スーチン，1977: 113）。

　1673 年 3 月，彼はオルデンバーグに英国王立協会フェローを辞退する旨の手紙を出した。しかし，オルデンバーグの忍耐強い説得によってフェローを辞退するという事態は避けられた。

　ホイヘンスとフックの主張した「光の波動性」と，ニュートンの主張した「光の粒子性」は，現在では光の二重性（補遺 1-2 に詳述）が確認されているため，両方とも正しいとされている。

解説 1-5 　光電効果

図に示すように，金属の表面 (M) に光を放射するとき光電子と呼ばれる電子 (e) が放出される現象を光電効果という。図における ν は光の振動数で，$h\nu$ は補遺 1-2 で説明した光量子のもつエネルギすなわちエネルギ量子である。h はプランク定数である。

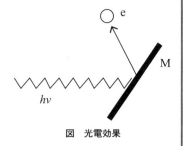

図　光電効果

光電効果の性質を以下に述べる。

① 光の限界波長 λ_0 があり，λ_0 より長い波長の，すなわち λ_0 に相当する振動数より小さな振動数の，どんなに強い光を放射しても光電効果は起こらない。
② 光電子 1 個のエネルギは放射光の波長に関係し，波長が短いほどすなわち振動数が大きいほど大きく，放射光の振幅で決まる強さには関係しない。
③ 光電子の数は放射光の強さに比例する。

光の波動性によって光電効果を説明することは次のように困難であった。

(1) 光が波であるとすれば，波長に関係なく強い光のほうが金属内の電子にエネルギを与えて光電効果を起こし易いと思われるが，①の性質はこれに反する。
(2) 光が波であるとすれば，放射光が強いほど，エネルギの大きい光電子が放出されるはずであるが，②の性質はこれに反する。

この光電効果は 20 世紀初頭にアインシュタインによって理論的に解明された（補遺 1-2，第Ⅲ章 4 節参照☞ 92 頁）。

　1670 年代後半，ニュートンにとって大切な人たちが世を去った。1677 年，バローとオルデンバーグが亡くなった。その後，母の重篤な病状を聞き，ニュートンは母の看病のために何度もウールソープへ帰郷し，苦痛に悩む母を慰め励まして，夜も寝ずに世話をした。彼の献身的な看病のかいもなく 1679 年，母は逝去した。母を失った悲しみと寂しさが長く続いた。

　教区の記録には「スミス夫人ハナ」と登録されたことにニュートンは不満であったが，埋葬されたのは彼が好きになれなかった継父のそばでなく，彼の父のそばであったことに彼は満足であった。遺産相続した領地の管理事務を終え

て，ケンブリッジ大学に戻ってからは，人を避けて孤独になり神学の研究に没頭した。

7 『プリンキピア』

ニュートンは1687年に『自然哲学の数学的諸原理（*Philosophiae Naturalis Principia Mathematica*)』を出版した。この本は通称『プリンキピア（*Principia*)』として知られている。この節では，『プリンキピア』が出版されるまでの過程について述べる。

『プリンキピア』は序論とBook I, II, IIIで構成されていた。序論で記述された「運動の三法則」（解説1-6参照）に関する初期の考えをニュートンは1666年までに既にもっていた。第一法則：「慣性の法則」，第二法則：「運動の法則」，第三法則：「作用反作用の法則」の三法則である。

「慣性の法則」は以下のように役立った。5節で述べたように，もし，月が地球から何も力を受けていなければ，月は「慣性の法則」によって，等速度直線運動をすることになり，月が宇宙のはるかかなたに飛び去ってしまうことになる。しかし，月が宇宙のはるかかなたに飛び去って行くことなく，地球の周りを回り続けるのは地球から何らかの力を受けているからである。このように「慣性の法則」はニュートンが万有引力を発見するのに重要な役割を果たした（解説1-6参照）。また，ガリレオは地動説を説くときに「慣性の法則」を次のように用いた。天動説論者たちが「地球が自転するとき，塔の上から物体を落とせば，その物体は塔の西の方に落下するはずである」といったとき，ガリレオは彼らに次のように説明できると考えていた。物体は垂直方向には地球から重力を受けるが，水平方向には何の力も受けず，慣性の法則により，それまで地球の自転によりもっていた水平方向の速度を保って落下するため，西の方ではなく真下に落下するのである，と。

「運動の法則」は以下のように役立った。ニュートンは，円運動する物体に働く遠心力の法則をすでに発見していた。月が地球の周りを円運動していることは，等速度直線運動をせず加速度をもち，運動の法則により力を受けていることを示す。この力は遠心力であり，これが地球の引力とつり合い，月が地球

解説 1-6　運動の三法則

■慣性の法則：「物体に外からの力（外力）が働かないか，あるいは，2つ以上の外力が物体に働いても釣り合っているとき，物体は静止または等速度直線運動をする」

　運動の第一法則「慣性の法則」は，物体に力が加えられないとき，その物体は速度を変化させずにいるという性質を述べた法則である。この法則によって，力が加えられない場合，物体が静止しているときは，静止したままでいる。ある速度で運動しているときは，その速度を保って等速度直線運動を行う。たとえば，列車にブレーキがかかるとき，乗客が進行方向に倒れそうになるのは，力を加えられた列車は減速するが，乗客はそれまでの速度を保つためである。すなわち慣性の法則の結果である。

　「慣性の法則」によれば等速度直線運動でない運動をする物体には外力が働いていることになるので，月が等速度直線運動でなく地球の周りを円運動していることは月が地球から力を受けていることになる。慣性の法則はニュートンが万有引力を発見するのに重要な役割を果たしたことはすでに述べたとおりである（本章5節参照☞14頁）。

■運動の法則：「物体に外力が働くとき，生じる加速度と物体の質量の積が外力に等しい」

　運動の第二法則「運動の法則」は「力は質量と加速度の積で与えられる」という運動方程式を記述したものである。加速度は速度を時間で微分した量であり，単位時間当たりの速度の変化を表す。このように，彼自身が発明した微分法を用いて法則を表現した。この法則によって，物体に力が加えられると加速度を生じ，その加速度は力に比例し，物体の質量に反比例することが示された。たとえば，静止している荷車を引いて，ある速度にするのに要する力は，荷を乗せた場合の方が空の場合より大きいのは運動の法則による。同じ加速度を得るには質量の大きい方が大きな力を要するためである。

■作用反作用の法則：「物体1が物体2に力Fを作用するとき，物体2も物体1にFと同じ直線上にあって，大きさが等しく，方向が反対の力 −F を作用する」

　運動の第三法則「作用反作用の法則」は，ある力が作用すると必ずそれと反対方向の力が作用するという法則である。たとえば，床に物を置くとき，物に働く重力と床から受ける抗力がつり合い，物が床に安定して存在できる。もし，床が丈夫でないなら，床が抜け落ち抗力が働かず物がバランスを失うことになる。

図 1-14　エドモンド・ハリー（1656-1742）
（1690 年頃の肖像画）

図 1-15　ニュートンの彫像（トリニティ・カレッジ・チャペルにて 2016 年 6 月著者撮影）

に落ちてこないのであるという説明が運動の法則によりなされた。遠心力は円運動の回転角速度の二乗と半径の積に比例し，円運動の半径は地球と月の間の距離であり，回転角速度は周期に反比例するため，ケプラーの第三法則によれば，遠心力は地球と月の間の距離の逆二乗に比例する。この遠心力とつり合う引力は方向が逆であるが遠心力と大きさが等しく，距離の逆二乗に比例することになる。このようにして，ニュートンは「引力は距離の逆二乗則に従う」ことを推論した。後に，彼は計算が簡単な円運動でなく，惑星の楕円運動について，引力の計算をすることになる。

『プリンキピア』の出版には以下に述べるように，ハリー（Edmond Halley）が大きな貢献を果たした。1684 年 1 月，惑星運動に興味を抱いていた英国王立協会フェローである天文学者のハリーは，ロンドンのコーヒー・ハウスで天体の運動についてフックと議論を交わす機会があった時，ハリーが「太陽の周りを運動する惑星に働く力は距離の二乗に反比例して減少するでしょうか？」と質問したところ，フックは「天体の運動が距離の逆二乗則に基づく」ことを示すその詳細について秘密にしていたのは，「より多くの人々がこの問題に取り組み失敗するのを待ってから発表しようと思っていたからである」と言った（White, 1998: 190; Gleick, 2003: 124）。しかし，ハリーが天体の運動に関する数学的証明を要求すると，フックの答えはあいまいになったため，ハリーはフックの言うことを疑った。

その年の夏，ハリーはケンブリッジにいるニュートンを訪問し，フックと行った議論を意識して「太陽からの引力が距離の逆二乗則に従えば惑星はどのような軌道を描くでしょうか？」という質問をした。ニュートンは直ちに「楕円です」と答えた。ニュートンは「私は，ずいぶん以前に，その計算を行いました。その数学的証明をあなたに今，手渡すことはできないが，再び計算を行って，あなたにそれを送りましょう」と約束した（White, 1998: 192）。恩師バローが逝去した 1677 年以降，孤独感のため数学や物理学に興味をなくしていたニュートンはこれがきっかけとなり，惑星の軌道や引力を数学的に取り扱うことに再び没頭することになった。ハリーのケンブリッジ訪問はニュートンの数学や物理学への思考を復活させた。

　ニュートンは，「惑星と太陽を結ぶ直線で描かれる面積についての法則」であるケプラーの第二法則（解説 1-1 参照）が，惑星に働く距離の逆二乗に比例する引力の結果であることを数学的に証明した。また，もし惑星が引力の下で楕円形の軌道を描くならば，引力は太陽からの距離の逆二乗に比例することも示した。すなわち，引力が距離の逆二乗則に従うならば，惑星は楕円軌道を描く。逆に，軌道が楕円ならば，引力は距離の逆二乗則に従う，という両方向の証明を与えたのである。これらの数学的証明をすべて行いニュートンはハリーと約束した「惑星の軌道に関する数学的証明」の原稿を完成させた。

　1684 年秋，ニュートンは 9 ページの論文「回転している物体の運動について（De Motu Corporum in Gyrum）」をニュートンとハリーの両者の知人である数学者パジェット（Edward Paget）による手渡しでハリーに届けた。この論文は回転する物体に働く求心力（または遠心力）の理論概念などを説明しており，その 3 年後に完成される『プリンキピア』の Book I の基礎をなした。

　1686 年春，内容豊富な『プリンキピア』の原稿が完全ではないが，序論と Book I, II, III の構成でほとんど出来上がっていた。Book I は Book II と共に力と運動を扱っていた。Book III は Book I, II の理論概念の応用を述べていた。ニュートンの運動の三法則は前述のように序論で述べられていた。最後の部分である Book III の完成原稿は 1687 年 4 月 4 日，ハリーに届けられた。

　『プリンキピア』は理解力の無い悪意ある人による批判を避けるため，数学をなまかじりしたような人にはできる限り読みにくくした命題形式で書かれてい

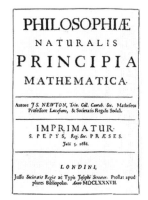

図1-16 『プリンキピア』初版表紙（言語：ラテン語）

た。すなわち，1つの命題を理解するには，その前の命題を理解する必要があるという形式で書かれていた。

　ニュートンのノートから手書きで転写するアシスタントを務めていたハンフリー（Humphrey Newton）の伝えるところによると，ニュートンは『プリンキピア』の原稿完成までの間，研究に没頭するあまり，しばしば食事を忘れることがあった。また，夜中の2時，3時までにベッドに就くことは稀であった。

　ハリーがニュートンの原稿を出版する計画の承認を英国王立協会の会議で獲得したのは完成原稿を受け取る前の1686年5月であった。

　英国王立協会の財政がその当時，破たん状態であったため，ハリーがこの原稿の出版のために私財を投じた。1687年7月に世に出たのが『プリンキピア』（『自然哲学の数学的諸原理』）であり，それまで書かれた書籍の中で最も偉大な科学書として評価された。この書籍で，ニュートンは「宇宙の天体の運動」を解明する原理を示した。この原理は新しい時代の科学の教義となった。彼はこの原理を引力の作用のもとでの物体の運動，すなわち軌道物体，投射体，振り子，地上の自由落下物体などの運動の解析に応用した。

　さらに「宇宙のすべての物体は互いに引力を及ぼす。その力の大きさは互いの質量の積に比例し，距離の二乗に反比例する」という万有引力の法則，地球の軸の歳差運動，太陽の引力によって摂動を受けたときの月の運動，などについて説明した。

『プリンキピア』で述べられた諸原理は，ニュートンが科学界でのリーダーであることを示すほど高等な内容だった。しかし，大陸の科学者たちは，ニュートンの「力の遠隔作用」の考え，すなわち，遠くに離れている物体間に遠隔的に直接，働くものであるという彼の唱えた万有引力の考えを受け入れようとしなかった。大陸の科学者たちには，当時まだ支配的であったデカルトの「力の近接作用」の考え，すなわち「天体間に及ぼされる力は宇宙に充満している見えない，質量の無いエーテル（ether）を通じて近接的に伝わり，天体の運動はエーテルの渦動に起因する」という説の方が直感的にわかりやすかったためである。このように，彼らはデカルトの「力の近接作用」を信じていたため，ニュートンの「力の遠隔作用」には賛成しなかったのである。しかし，このような反論は，ニュートンの偉大な業績に対する世界的な賞賛に歯止めをかけることはできなかった。

　なお，ニュートンがエーテルの存在に基づくデカルトの考えを受け入れなかったのは，彼が熱中していた錬金術における「力は神秘的・不可思議な作用による」という考えに影響されたためという話がある。

8　大学の危機

　1685 年 2 月，チャールズ 2 世が病死した後，頑固で人気の無い弟のジェームズ 2 世がイギリス国王に即位した。国王はカトリック教徒（旧教徒）であったため，イギリス国民全員をカトリック教徒にしようという無謀な考えを抱いた。当時，イギリスにはカトリック教徒と，プロテスタント（新教徒）がいたが，互いに反目することなく平穏に暮らしていた。国王の計画は無意味なもので，国民の支持を得られるものではなかった。

　ケンブリッジ大学はプロテスタントの牙城であった。1687 年 2 月に国王はケンブリッジ大学に難題を押しつけてきた。それはベネディクト教団の修道士に，「修士の学位を何の試験や宣誓もなしに与えよ」という命令であった。修士の学位をもった者はケンブリッジ大学理事会で投票する権利をもち，さらに大学の運営にも発言権をもっていた。したがって，大学がこの命令に従えば，国王にとって都合の良い人物が大学に送り込まれ，大学の運営に介入される恐れ

図 1-17　ニュートン（1689年の肖像画）

があった。

　敬虔なプロテスタントであったニュートンは，この危機を察知し，ケンブリッジ大学の副総長に，国王の横暴な命令に屈服してはならないと進言した。副総長は，ニュートンの進言に従って，大学としての毅然とした態度を国王に表明する書類を作成した。国王は，大学の態度に立腹し，副総長と大学理事会を代表する計8人に高等法院に出頭するよう命じてきた。

　大学理事会は，8人の中にニュートンを選んだ。8人はロンドンに出発する前に，対策を協議した。そのとき，国王に真っ向から対立することを避ける妥協案を提案するものもいたが，今回，国王の言いなりになれば，今後，次々と大学にカトリック教徒を送り込んでくるので，毅然とした態度で臨むべきだとニュートンは主張した。

　高等法院では，国王側は権力を振りかざし威圧的な態度で臨んできた。しかし，大学側はこれに恐れず，決して屈服しなかった。結局，大学側は国王の命令に服従することなく，大学の自治と学問の自由を守ることができた。このようにしてケンブリッジ大学は国王の無謀な計画を打ち砕いた。

　ケンブリッジ大学と同じく，プロテスタントの牙城であったオックスフォード大学でも，国王の態度に反抗する学生たちが反乱を起こし，国王側はその反乱を鎮圧するために騎兵隊を出さねばならない事態となった。すでにその当時，ジェームズ2世は国民の支持を失っていた。

30

有力なリーダーによって，国王を平和的に交代させる画策が行われ，オレンジ公ウィリアムに次期国王即位の打診がなされた。1688 年，オレンジ公ウィリアムがオランダ艦隊の先頭に立ってイギリスに到着したとき，ジェームズ 2 世は自分にとって形勢不利と考え，フランスに逃亡した。

1689 年，ケンブリッジ大学は，大学から出す国会議員 2 名のうちの一人としてニュートンを選出した。その理由はジェームズ 2 世の無謀な大学介入に対して，終始一貫して毅然とした態度で臨み，大学の危機を救った功労者であったからである。その年の議会で，ジェームズ 2 世が退位し，オレンジ公ウィリアムが新しく即位することが宣言された。

ニュートンは，国会議員としてロンドンに滞在する間，田舎とは違った都会の暮らし易さを感じた。このことが，後に彼にロンドンでの職を求める気持ちにさせた。

9 ロンドンでの生活

1693 年 9 月，彼は極度の疲れから食事ができず睡眠不足に悩まされるようになった。それは『プリンキピア』の執筆中の異常な程の集中力による精神的疲労や，『プリンキピア』に対する大いなる賞賛の後に感じた自分の創造力の継続性についての不安，などが原因であった。

この精神的疲労と不安を，ロンドンでの活気のある生活が救ってくれる，と彼は考えるようになった。彼は，ロンドンの友人にロンドンでの職を懇願した。しかし，なかなか，その望みをかなえる返事がなく，ますます，彼の精神的疲労はひどくなっていった。彼は，気を紛らせるために，実験室で研究するうちに，「2 物体間の一方の物体からの熱の損失は 2 物体間の温度差に比例する」という有名な「冷却の法則」を発見した。また，実験によって，固体の溶解と液体の沸騰は，おのおの一定の温度で起こる，という事実も明らかにした。

睡眠不足のために，ますます，疲れきっていったニュートンは再び，友人にロンドンでの職を求める手紙を送った。1696 年，ニュートンは，造幣局監事というポストを得て，ケンブリッジからロンドンに移った。1699 年には，造幣局長官となった。そこでの仕事は，貨幣の改鋳であった。

第Ⅰ章　アイザック・ニュートン　　31

図 1-18　ニュートン（1702 年の肖像画）

　当時，流通していた銀貨は古くて削れていた。このような銀貨の価値は低い，と国民に思われていた。そこで新しい銀貨を鋳造しょうと政府が計画した。しかし，新銀貨が出回ると，それらの価値の方が高いと思って国民が新銀貨を取り込み，市場に出回るのは相変わらず古い銀貨だけとなり，貨幣改鋳の効果が期待できない。すなわち，「グレシャムの法則」で述べられる「悪貨は良貨を駆逐する」という経済状況に陥ることが予想された。

　そのため，ニュートンらは，国内の古くて削れた古い銀貨をすべて廃棄して，銀貨を新しくするしかない，という結論に達した。それを実行するためには，市場の混乱を避けるために，できるだけ短期間に大量の銀貨を造幣局で鋳造する必要があった。急激に仕事が過激になることに官吏は抵抗するであろうことも予想された。しかし，ニュートンは国のために身を捧げようと決意し，貨幣改鋳の大変な事業に取り組み，この作業工程を解析することにより作業効率を向上させて，無事成功裏に終えることができた。さらに彼は貨幣偽造者を摘発し訴追もした。

　彼はケンブリッジ大学教授職を引退する 1701 年まで，併任の形で造幣局長官として真面目に熱心に働いていた。彼はロンドンでの暮らしに満足し，終生，造幣局長官の地位にいた。そして，お気に入りの姪（Catherine Barton）をロンドンに呼び寄せた。彼女は社交的で伯父ニュートンとは性格が異なっていたが機知に富んだ美しい婦人で，伯父の身の回りの世話をし，社交界での務めも果

たした。

　平和に暮らしていたニュートンに，思いがけない論争がライプニッツとの間に起こった。微分法と積分法を発明したのは，ニュートンではなく自分であるとライプニッツは言ってきた。ライプニッツは，微分法と積分法についての原稿を1675年に書いて1686年に出版した。一方，ニュートンは前述したように大学閉鎖されていた1666年には微分法と積分法を計算する方法を発明していた。英国王立協会の友人はニュートンの微分法と積分法についての業績を知っていた。今日では，両者が独自に発明したことになっている。

　英国王立協会はニュートンの科学における偉大な業績により1703年11月，彼を会長に選出した。1704年2月，ニュートンは著書『光学（Optics）』を英国王立協会に献呈した。それはラテン語でなく，英語で書かれていた。1672年に掲載された論文「光と色の理論」に対するフックの批判が原因でニュートンの意思により著書『光学』が出版されず，約30年経て，1703年にフックが逝去した後のこの年に沈黙を破って世に現れたのであった。この本の内容は1664年に始められたニュートンの一連の実験に基づいて，光の屈折，反射，虹，鏡とプリズムの働きについて説明するものであった。

　1705年，アン女王は『プリンキピア』の著者として世界的に著名な科学者ニュートンにナイトの爵位を授与した。科学者でこの栄誉を与えられたのはニュートンが最初であった。

　ニュートンは81歳になったとき，腎臓病の症状が出たため治療に専念するように医者から指示された。その後，肺炎の症状も出た。姪のキャサリンは，伯父の健康の悪化に驚き献身的に世話をした。彼女はロンドンの汚れた空気を避けるため，ロンドンからそれほど遠くないケンジントンで伯父を転地療養させることにした。

　ニュートンは病気になっても，『プリンキピア』の改訂の仕事を続けた。神学の研究も行った。英国王立協会の毎週定例の会合にも参加した。1727年3月2日の寒い日，英国王立協会の会合に出席するために彼はロンドンに出かけた。しかし，肺炎を併発していた彼の体には，その外出が大きな負担となり，ケンジントンの自宅に戻ったときには医師のなすすべもないほどに病状が悪化しベッドに就かねばならなかった。その後，2週間，昏睡状態と意識明瞭な状態が

交互に現れた。意識の有るときは造幣局の同僚（John Conduitt）や義理の甥などと笑みを浮かべて談話をし,「プロテスタントとしての死を迎える最期の儀式を受け入れる意思はまだ無い」（White, 1998: 360）と述べる程意識はしっかりしていた。1727 年,3 月 20 日,84 歳で天才ニュートンは逝去した。

ニュートンは,ケンブリッジ大学に免費生として入学した後,天才的な才能を発揮し,物理学・天文学,数学,光学において偉大な発見を成し遂げた。彼の著した『プリンキピア』により天体の運動が明らかにされた。それは新しい時代の科学の教義となった。青年時代に「私の第一の友は真理である」とメモ書きした彼はアイザック・ニュートン卿としてウェストミンスター大寺院に埋葬されている。相続人が建てた彼の記念碑は,その後,ダーウィン（Charles Darwin）,マクスウェルなど著名なイギリスの科学者たちが埋葬されている科学者コーナー（Scientist Corner）と呼ばれる一角を見守っている。

補遺 1-3　ニュートン力学のその後

ニュートンの「運動の法則」は,大きさのない質点に関するものであった。しかし,現実の物体は大きさをもっており,そのような物体の運動も質点の運動から導き出されるべきものであった。大きさをもった物体に関して重要な役目を果たしたのがダランベール（Jean Le Rond d'Alembert）であった（湯川・田村,1955–1962）。彼は,変形することのない大きさをもった物体の力学すなわち「剛体の力学」（解説 1-7 参照）を 1743 年に明らかにした。

運動論のための新しい数学解析が進歩し,豊富な数学的手法は力学の発展にも寄与した。18 世紀の大数学者オイラー（Leonhard Euler）とラグランジェ（Joseph Louis Lagrange）は,「剛体の力学」をニュートン力学と関係づけて,「最小作用の原理」（解説 1-8 参照）を用いてニュートン力学から量子力学への橋渡しとなる「解析力学」を確立した。

19 世紀に,ファラデーによって電磁現象が探求され,彼によって電場と磁場という力の場の概念（補遺 2-3 に詳述☞ 64 頁）が提起された。ファラデーによる力の場の概念に基づき,マクスウェルが電磁現象を統一的に表現する電磁方程式を導くことに成功した。彼はこの方程式から電磁波の存在を理論的に予見した。また,彼は光と電磁波の同一性も予見し,ヘルツがそれを証明した（補遺 1-2 に詳述☞ 21 頁）。この電磁波こそがニュートン力学の適用限界を示唆することになる。

19世紀の終わり頃，陰極線，X線，放射線などの現象の発見に伴い，物理学の領域は分子，原子というミクロの世界に向かっていった。このミクロの世界でも，ニュートン力学がそのまま成り立つと仮定して，マクスウェルやボルツマン（Ludwig Eduard Boltzmann）などが行った統計的考察は，物質の統計熱力学的性質を説明するのにかなり役立った。

しかし，ある熱せられた物体からの熱輻射の問題に関しては19世紀までの古典物理学ではまったく説明できなかった。この熱輻射は，波長の長い電磁波であり，眼に見えない赤外線の領域の光である。熱輻射の強さは，ある振動数でピークになるような形で振動数に依存して変化する。そのピークは，ウィーンの法則（Wien's Displacement Law）に従って，物体温度が高いほど高い振動数の側にシフトする。熱輻射の振動数への依存性に関する実験データを理論的に説明することが試みられた。しかし，それまでの理論による予測は実験データとまったく合わず，熱輻射の理論的説明の試みは失敗していた。

1900年，プランクが実験データと見事に一致する理論式を導き出した。これが有名なプランクの公式（補遺3-2に詳述☞94頁）である。彼は，この公式中の重要な量に気づき，それを「エネルギ量子」（補遺3-1に詳述☞93頁）と名づけた。光のエネルギは，このエネルギ量子を単位としてその整数倍で与えられる，すなわち，エネルギは離散的な量である，ということを発見した。このプランクの発見はニュートン力学の次代を担う量子力学の幕開けの役割を果たす重要な成果であった。

1905年，アインシュタインが特殊相対性理論（第III章6節参照☞98頁）を発表したことにより，ニュートン力学における時間，空間の概念の見直しの必要性が指摘された。一方，原子内構造に関する理論的研究の推進は，今日の量子力学（第III章12節参照☞117頁）を生むことになり，原子的微小領域においては，ニュートン力学の根本的な一般化が不可避であることが明らかになった。このようにして，20世紀の初頭にニュートン力学の適用限界が明確にされ，ニュートン力学は古典力学としての立場を保つことになった。

解説 1-7 剛体の力学

剛体は図1に示すように，各質点相互間の距離が運動の間，不変であるような質点系である。

質点の状態を表すには，質点が3次元空間のどの位置にあるかを示せばよい。一方，剛体の状態を表すには，3次元空間の位置のみでなく，剛体は大きさをもつため，さらに，回転軸の方向と回転角で決まる姿勢を記述しなければならない。

剛体の運動方程式は次のように表される。

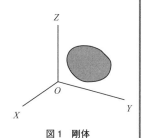

図1　剛体

[全質量] × [重心の加速度] = [外力の和]　　　　　　　　(1)
[質点の角運動量の和] の時間微分 = [外力のモーメントの和]　(2)

ニュートン力学では質点の加速度を記述する運動方程式だけでよかったが，剛体の場合，質点でなく複数の質点からなる質点系，すなわち，広がりをもった物体を考えるため，剛体の重心の加速度を考慮する運動方程式 (1) に加え，さらに，剛体の回転運動を表すために，式 (2) の記述が必要となる。これらの式 (1)，(2) により剛体の位置と姿勢が決定される。質点の角運動量は回転軸から質点までの距離と速度の積に比例する。外力のモーメントは回転軸からの距離と外力の積に比例する。

たとえば，図2のように，回転軸の周りを速度vで円運動するように，力が半径rの位置にある質点に働くとき，式 (2) は角運動量の時間的変化は外力のモーメントに等しいことを示す。外力のモーメントが無いとき，式 (2) の右辺は零となり，半径と速度の積に比例する角運動量は時間的に一定となる。したがって，外力のモーメントが働かない状態で，図2のように半径rを徐々に小さくすると速度vは徐々に速くなる。速度は半径と回転角速度の積で与えられるので，フィギュアスケートでスピンをかけるときに，広げている腕を徐々に回転軸である胴体に近づけると回転角速度が増すのはこの原理に基づくものである。

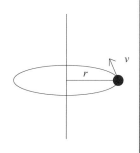

図2　軸周りの回転

解説 1-8　最小作用の原理

変分法を用いた物理学の原理である。質点が力の場の中を時刻 t_1 から t_2 まで運動するときの経路について考察する。運動エネルギと位置エネルギの差をラグランジアンといい L で表す。たとえば，質点が地上の重力の働く場にあるとき，質点の位置が高い程，大きい位置エネルギをもつ。運動エネルギは質点の速度の二乗に比例する量である。質点が運動する時刻 t_1 から t_2 まで L を積分したものを作用積分という。最小作用の原理は作用積分を最小にする質点の運動経路を決める方程式を与える。この方程式をオイラー方程式という。

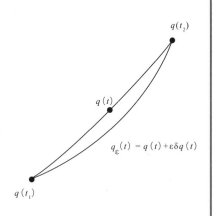

図　経路の変分 $\varepsilon\delta q(t)$

時刻 t_1 から t_2 までの時刻 t における注目している質点の位置，すなわち，経路（path）を $q(t)$ で表す。図に示すように，経路の変分 $\varepsilon\delta q(t)$ により新しい経路 $q_\varepsilon(t)$ が与えられたとする。ただし，経路の端点 $q(t_1)$ と $q(t_2)$ では変分は零とする。ε は微小とする。

経路 $q(t)$ が最小の作用積分をもつ経路であれば，任意の経路の変分に対して作用積分の変分が零でなければならないことから，オイラー方程式が導かれる。このオイラー方程式は質点がニュートンの第二法則に従って進む経路を決めることがわかる。すなわち，ニュートンの運動方程式は最小作用の原理を用いて表現される。オイラーとラグランジェは最小作用の原理を用いて，ニュートン力学を数学的に洗練された形式で記述した（湯川・田村, 1955–1962）。

参考文献

ウェストフォール，R. S.／田中一郎・大谷隆昶［訳］(1993)．『アイザック・ニュートン』Ⅰ・Ⅱ，平凡社．

ガリレイ，G.／今野武雄・日田節次［訳］(1937-1948)．『新科學對話』上・下，岩波書店．

ガリレイ，G.／青木靖三［訳］(1959-1961)．『天文対話』上・下，岩波書店．

ガリレイ，G.／山田慶児・谷　泰［訳］(1976)．『星界の報告 他一編』岩波書店．

ケプラー，J.／渡辺正雄・榎本恵美子［訳］(1985)．『ケプラーの夢』講談社．

ケプラー，J.／大槻真一郎・岸本良彦［訳］(2009)．『宇宙の神秘—五つの正立体によ

る宇宙形状誌』工作舎.

ケプラー, J.／岸本良彦 [訳] (2009).『宇宙の調和—不朽のコスモロジー』工作舎.

ケプラー, J.／岸本良彦 [訳] (2013).『新天文学—楕円軌道の発見』工作舎.

コペルニクス, N.／矢島祐利 [訳] (1953).『天体の回轉について』岩波書店.

コペルニクス, N.／高橋憲一 [訳・解説] (2017).『完訳 天球回転論—コペルニクス天文学集成』みすず書房.

サジェット, M.／大橋一利 [訳] (1992).『ガリレオと近代科学の誕生』玉川大学出版部.

島尾永康 (1979).『ニュートン』岩波書店.

スーチン, H.／渡辺正雄 [監訳] 田村保子 [訳] (1977).『ニュートンの生涯』東京図書.

デカルト, R.／三宅徳嘉・小池健男 [訳] (1993).「方法序説」デカルト, R.／三宅徳嘉他 [訳]『デカルト著作集 第 1 巻』白水社, 9-109 頁.

デカルト, R.／青木靖三・水野和久 [訳] (1993).「屈折光学」デカルト, R.／三宅徳嘉他 [訳]『デカルト著作集 第 1 巻』白水社, 111-222 頁.

デカルト, R.／赤木昭三 [訳] (1993).「気象学」デカルト, R.／三宅徳嘉他 [訳]『デカルト著作集 第 1 巻』白水社, 223-353 頁.

デカルト, R.／谷川多佳子 [訳] (1997).『方法序説』岩波書店.

デカルト, R.／原 亨吉 [訳] (2013).『幾何学』筑摩書房.

ニュートン, I.／中野猿人 [訳・注] (1977).『プリンシピア—自然哲学の数学的原理』講談社.

ニュートン, I.／島尾永康 [訳] (1983).『光学』岩波書店.

パーカー, S.／小出昭一郎 [訳] (1995).『ニュートン』岩波書店.

湯川秀樹・田村松平 (1955-1962).『物理学通論』上・中・下, 大明堂.

Gleick, J. (2003). *Isaac Newton*. London: Fourth Estate.（グリック, J.／大貫昌子 [訳] (2005).『ニュートンの海—万物の真理を求めて』日本放送出版協会.）

White, M. (1998). *Isaac Newton: The last sorcerer*. London: Fourth Estate.

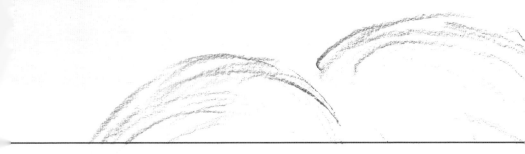

第Ⅱ章
マイケル・ファラデー
(Michael Faraday)

1 おいたち

ファラデーの誕生

マイケル・ファラデー，彼の発見した電磁誘導によって発電機，電動機（モータ），変圧器などが発明され，人類の生活が飛躍的に向上した。彼が探求した電磁現象は多岐にわたり，電磁誘導を始め誘電体の誘電分極，磁性体の磁化，光と磁気の関係などに及んだ。彼による電磁現象の探求とマクスウェルによる理論化によって確立された電磁気学はニュートン力学と共に古典物理学の双璧を成した。

ファラデーの父（James Faraday）は鉄器商ボイド（James Boyd）に雇われた鍛冶屋職人であった[1]。1787 年，彼と妻（Margaret）はボイドの勧めでロンドン近郊のバッツに移り住んだ。同年 5 月 26 日，姉（Elizabeth）が誕生し，翌年 10 月 8 日には，兄（Robert）が誕生した。その 3 年後，1791 年 9 月 22 日，イギリス，サリー州ニューイントンのバッツでファラデーは誕生した（バッツは今日ではロンドンの一部に含まれている）。彼の名は母方の祖父マイケル・ハストウェル（Michael Hastwell）の名をとってつけられた。

ファラデーが 5 歳になる頃，父が働いていたウェルベック街に近いロンドン西部のヤコブ・ウェルズ・ミューズにある馬車置き場の上の部屋に移り住んだ。40 代半ばで病気になった父は 1 日のうち長時間続けて働くことができないほどの状態で，家族を養うための十分な収入を得ることが困難であった。フランスとの戦争時の 1801 年，パンの価格が高騰し生活が困難を極めた。その結果，一家は貧民への公的な救済を受けることになった。しかし，19 世紀初頭のイギリスでは，救貧院のような公共機関での貧民に対する扱いは粗末であった。ファラデー一家もお役人の横柄な態度に耐えながら貧しさに苦しんだことが想像される。事実，ファラデー自身に与えられたパンは 1 週間に 1 塊のみであった。

当時の社会的背景は以下のとおりであった。イギリスはマンチェスターやリヴァプールを中心とするランカシャー州で起こった産業革命の進行期にあった。

---

1) ファラデーの生涯については James（1991, 2010），ボウアーズ（1978），スーチン（1976），Tyndall（2002）を参考に記述した。また必要に応じて小山（1999），竹内（2010），島尾（2000）を参照した。

ジョージ3世の治世下でロンドンは世界で最も繁栄する最大の都市であった。

一方，ヨーロッパ大陸では，1789年に始まったフランス革命の拡大期にあった。1793年には，フランス王政が廃止され，ルイ16世と王妃マリー・アントワネットが処刑された。革命後のフランスはイギリスと敵対し，1804年に皇帝に就いたナポレオン・ボナパルトもイギリスと敵対した。なお，イギリスでは1837年，ヴィクトリア女王時代が始まった。

年期奉公

貧しい家庭を助けるため，ファラデーは働かなければならなくなり，13歳の誕生日の1804年9月22日，彼の住まいに近いブランドフォード街2番にある書店兼製本屋のフランス人リボー(George Riebau)の店に配達人として雇われた[2]。

ファラデーの仕事は，製本された本と新聞・雑誌の配達であった。さらに雑誌の回収も彼の仕事であった。当時，雑誌を購読する料金は高価であったため，読み終えた雑誌を返却する，つまり借りて読む人が多かった。ファラデーの仕事は毎日，多忙であった。

このような経験があるためか，後年，彼が新聞配達少年に出会ったときには必ず少年に優しく声を掛けた。彼は「私自身，新聞配達をした経験があるため，彼らに会うといつも優しい気持ちになる」と姪に話している（James, 2010: 20）。

リボーは一流の製本職人であった。普通，そのような職人の下で働く人々は年期奉公人となり製本の技術を習得した。そのためには教授料としての礼金が必要であったが，ファラデーには支払えなかった。彼の兄がすでに鍛冶屋で年期奉公を始めており，父にはファラデーの年期奉公のためにまで支払う余裕がなかったのである。しかし，店主リボーは14歳になった性格の良いファラデーをわが子のようにかわいがっていたので，礼金がなくても年期奉公人になることを許し，1805年10月7日，年期奉公契約書を交わした。その契約書には，教授料は無料にする代わり，彼が忠実に働き，居酒屋などに頻繁に出入りしないことなどの条件が記載されていた。年期奉公人は7年間が終了すれば職人

---

2) ファラデーの時代の製本職人とは，顧客の好きな本に革の表紙をあしらい，それにデザインを施し，書名を金箔で打刻して美しい本を作るような一種の工芸作品を作る職人であった（小山, 1999: 30）。

42

となり一人前の賃金を得ることができた。彼は非常に手先が器用であったため，製本技術を見事に習得していった。

ファラデーは自分が美しく製本した書籍を読むのが楽しみであった。書籍を読むことにより知識を得て，科学に関する知識を学び，科学に興味をもつようになった。初等教育しか受けることができなかった彼にとって書籍が唯一の先生であった。仕事を終えて自宅に戻ってからの余暇を利用して，書籍で得た知識を実際に確かめるために化学実験も行った。摩擦電気を起こす装置を自分で作製さえした[3]。

ファラデーは年期奉公中の 1810 年 2 月 19 日から 1811 年 9 月 26 日までの間，市民科学協会（the City Philosophical Society）の指導者であるタタム（John Tatum）の講演をロンドンで聴講した。講演は全 12 回行われ，そのうち，7 回は電気に関する題目であった。すでに鍛冶屋職人となりファラデーが科学への興味を深めていることに日頃から理解を示していた兄が彼のために 12 回分の聴講料 12 シリングを支払ってくれたのである。その頃，兄はファラデー家の経済的な面倒をみていた。なお，この講演期間中の 1810 年 10 月 30 日，ファラデーの父は逝去している。

タタムの講演は化学と物理学に関する先端の科学知識について解説するものであった。ライデン瓶の実験や電気による塩類の分解実験も行われた。この講演は中高等教育を受けるのと同等の知識をファラデーに与えてくれた。そして彼は幅広い高度な科学知識を得ることができた。

彼は講演の内容に，理解できない部分があると，その日のうちに，リボーの店にあるブリタニカ百科事典を調べ自分の知識を補って理解するように努めた。知識を吸収しようとする彼の意欲は並外れて強かった。彼は全講演に関して完全に内容を理解し，自分なりに整理した 4 冊のノートブックを見事に仕上げた。このノートブックは貧困ゆえに正規の教育を受けることができなかった彼がどれほどまでに学問に対する強い憧れをもっていたのかを証明するものでもあった。

3）この摩擦電気機械は現在も王立研究所（大英王立研究所（the Royal Institution of Great Britain）；一般には王立研究所という名で知られている）に保存されている。

この講演会に出席して，彼は多くの真の友人を得た。友人のうちの1人にフィリップス（Richard Phillips）がいた。ファラデーと深い繋がりをもつようになっていた彼は後に傑出した化学者になった。

2　転　機

デイヴィーの講演

リボーの店の顧客の中に王立研究所（解説 2-1 参照）の出資者で終身会員（the founding Proprietor）であるダンス（the son of William Dance）がいた。ファラデーが彼と出会うことがファラデーの人生に大きな転機をもたらすことになった。

普段から真面目に働くファラデーに好意をもっていたダンスはタタムの講演に関する彼の見事に整理されたノートブックを読む機会を得た。そのノートブックは彼が全講義の内容を完全に理解していることを示していた。高等教育を受けていない彼がこれほどまでに科学知識を理解していることに，ダンスは驚き，ファラデーを並はずれた頭脳の持ち主だと思った。

ダンスは 1812 年に王立研究所の化学教授であったデイヴィー（Humphry Davy）の講演を聴講するためのチケットを 21 歳のファラデーに寄贈した。イギリスと敵対していたナポレオンによって創設されたボルタ賞を 1807 年 12 月 7 日，パリの科学アカデミーから授与されていたディヴィーは，当時，ヨーロ

図 2-1　ハンフリー・デイヴィー（1778-1829）（1803 年の肖像画）

解説 2-1　王立研究所

　1799 年，アルベマール街 21 番に創設された。その目的は社会のニーズに対して科学の適用による「有用な機械の発明と改良，生活の利便化への科学の適用と一般市民への講演や実験による科学知識の普及」であった（James, 2010: 27）。創設の際，出資した人たちは終身会員となった。

　当時，炭鉱では爆発事故が絶えなかった。爆発は坑内に発生するガスが坑夫用の照明灯によって引火することで起こった。そのためデイヴィーが安全な照明灯を発明し多くの労働者の命を救った。デイヴィーやファラデーをはじめ，低温科学の先駆者で，水素ガスの液化に成功し，極低温の液化ガスを極低温を保ちながら保存する容器であるデュアー瓶（魔法瓶の一種）の発明者でもあるデュアー（James Dewar）や，エックス線回折によって結晶構造の解析に成功したブラッグ父子（William Henry Bragg 1862-1942, William Lawrence Bragg 1890-1971）などがこの研究所で活躍した。このように王立研究所は約 200 年にわたって科学の発展に寄与した多くの天才的研究者たちを輩出したが，2007 年以降，研究活動の場所としては使用されなくなった。なお，1973 年以来，ファラデー博物館が所内に開設されている。

図1　王立研究所（1838 年頃の絵画）　　図2　現在の王立研究所（2017 年 9 月松田氏撮影）

ッパで最も優れた科学者であった。

　当日のデイヴィーの講演は電気分解などの実験をしながら行うものであった。当時，酸は酸素を含むと信じられていたが，実際には塩酸は水素と塩素の化合物であり，酸素を含まない酸が存在することを彼は示した。その時，用いられた実験装置についてはファラデーが書籍のうえでは知っていたが実際には初めて目にするものばかりであり，専門家の作製した装置のすばらしさに感嘆した。

　ファラデーは講演の内容を几帳面にノートブックに整理した。ディヴィーの講演はすべて興味深いものであったが，王立研究所の化学教授としての最後の

第Ⅱ章　マイケル・ファラデー　　*45*

講演でもあった。なぜなら，デイヴィーは1812年4月8日にナイトの爵位を授けられ，その3日後，非常に裕福な未亡人（Jane Apreece）と結婚し，彼女の富により勤める必要が無くなったため，34歳で王立研究所の化学教授を退いたからである。しかし，王立研究所のマネージャは著名なイギリスの化学者である彼との関係を保持したいと切望し，彼を名誉化学教授に任命し，実験室主任を継続することを願った。そのため，彼は結婚後も，王立研究所において大きな影響力をもった。

科学者への憧れ

ディヴィーの講演を聴講して以来，ファラデーは科学に関係する職場で働くことへの強い願望を抱くようになり，王立研究所は最も魅力的な憧れの職場となっていった。

21歳の10月に年期奉公を終了し，リボーの店から同業のド・ラ・ロシュ（De La Roche）の店に移った。新しい主人は気まぐれで，リボーのように科学に対して意欲的に勉学するファラデーを励ますような人ではなかった。また，従業員に対する雇用態度が劣悪なためファラデーの帰宅時間が遅くなり，自宅での余暇を利用した実験もやりにくい状態になった。そのため，ますます科学に関係する職場で働くことへの願望が強くなった。

1812年，英国王立協会会長バンクス（Joseph Banks）に科学実験室での職を求める手紙を出すことを決意した。「たとえ最も低い職種でもよいので科学に関係する職場で働く機会を与えられることを願う」という趣旨の文面を慎重に仕上げた（James, 2010: 32）。リボーの店で働いて本を配達していたときの記憶にたよってバンクスの邸宅まで行き，門衛に手紙をことづけ，返事を1週間後に受け取りに来ることを告げた。約束どおり1週間後に邸宅に行ったところ，門衛から渡されたものは彼自身が1週間前に門衛に手渡した封筒そのものであり，その封筒に「返答なし」と殴り書きしてあった。その後も，いろいろ求職活動をするがすべて断られた。その理由は学歴も資格も無いためであった。

誰もファラデーに何を知っていて何ができるかということを問わず，学歴も資格もない者が科学に関係する仕事に就くことは不可能なのかとファラデーは自信喪失に陥った（スーチン, 1976: 35）。

イギリスでは科学に関係する仕事に従事する人の数は未だ少なかった。さらに，そのような従事者のほとんどはその仕事の報酬だけでは生活ができなかったので，科学以外の仕事を掛け持ちしていた。その必要の無い人は個人的な資産に恵まれた人であった。このような社会的背景があったことが資産に恵まれないファラデーの就職活動を厳しくしていた。

ド・ラ・ロシュの店に移ってからもファラデーは面倒見の良かったリボーの店を時々訪ねていた。ある日，彼がリボーの店を訪ねたとき，たまたまダンスが居合わせた。このときダンスは，ファラデーがディヴィーの講演を聴講して見事に整理して仕上げたノートブックを添えて王立研究所に職を求める手紙を直接ディヴィーに書くように彼に勧めた。しかし，彼は，かつてバンクスに手紙を出したがまったく返答がなかったいきさつを話した。それでもダンスはファラデーに粘り強く頑張るよう強く説得した（スーチン, 1976: 38）。結局，ファラデーはその説得に従った。

ファラデーからの手紙とノートブックを受け取ったデイヴィーは，研究所の理事の一人であるペピス（John Pepys）にその手紙を見せて「ファラデーという青年がこの研究所で雇って欲しいと言っているのだが私に何ができるだろうか？」と相談した。ペピスは「彼に試験管洗いをさせてみればよい。もし，彼が価値のある人物ならば，試験管洗いを素直にやるでしょう。もし，彼が拒否するなら，彼は何もしてやる価値のない人物です」と答えた。これに対して，デイヴィーは「そんなことはできない。もっと良い方法で彼を試したい」と述べた（Tyndall, 2002: 2）。デイヴィーはそのとき，前述のように研究所の名誉化学教授であり実験室主任の役職にもあった。

ファラデーが手紙とノートブックを投函して1週間後の1812年クリスマス・イブに，デイヴィーから返事が届いた。それはファラデーの科学に対する真摯な態度を理解してくれた内容だった。そしてさらにデイヴィーはしばらくの間，ロンドンを離れるので，翌年1813年1月に戻ってきた時に会見したい旨を伝えてきた。

デイヴィーとの会見

年が明けて約束どおり会見の日時が告げられ，ファラデーは王立研究所でデ

イヴィーに会うことになった。ファラデーは期待と不安が交錯する緊張した気持ちで研究所に足を運んだ。

　会見においてデイヴィーはファラデーになぜ科学に関わる職につきたいのかと問い掛けた。ファラデーは日ごろから抱いていた科学への学問的情熱について述べた。デイヴィーは，「サイエンスは厳しい女主人であり，それに仕えても金銭的にほとんど報いられませんよ」（James, 1991: 497; 島尾，2000: 44）と科学者の道の厳しさを指摘した。しかし，ファラデーは科学者はそれでも大きな報酬を得ることでき，その報酬とは科学に携わることで真理を求めることができ，そのことで人間が世俗的な次元の低い考えから開放され，科学が人間を気高くしてくれることであるとデイヴィーに答えた（スーチン，1976: 51）。

　それからデイヴィーは，ファラデーの科学に関する知識がすべて独学によるものであるかどうかを質問した。正規の教育を殆ど受けていなかったファラデーは次は学歴について聞かれるに違いないと思い，それまでの職探しで悲しい目に会ったことを思い出して緊張した。しかし，学歴についてデイヴィーは何も聞かなかっただけでなく，デイヴィーの講演に関してファラデーが見事に整理して作ったノートブックにはファラデーの優れた記憶力と科学に対する熱意および能力が表われているとまで言ってくれた（スーチン，1976: 52, 54）。

　デイヴィーの若い頃の経歴はファラデーのそれとよく似ていた。彼は薬剤師の年期奉公中に，近代化学の創始者の一人であるラボアジェ（Antoine-Laurent de Lavoisier）の『化学原論（*Traite Elementaire de Chimie*）』を読み化学という学問に強い関心を抱くようになった。少年時代の苦労の記憶がファラデーのそれと重なり合って，彼は会見中，ファラデーに大変，好意的であった。

　会見の最後に，デイヴィーは「今の製本職人の仕事を続けることが最も堅実な道である」と忠告し，さらに現在のところ，ポストの空きがないことも告げた。しかし，デイヴィーは別れ際に，空きのポストが生じた時にはファラデーのことを思い起こすようにすると述べた（スーチン，1976: 55）。この最後のデイヴィーの一言はファラデーに一縷の望みを与えてくれた。事実この言葉は後にファラデーの人生を大きく変えることとなる。

　この会見の 2 日後，デイヴィーから 1 通の手紙が届いた。デイヴィーは以前，窒素と塩素の新しい化合物の実験中の爆発で，ガラスの破片が目に入り，視力

の衰えが続いていた。しかし，季刊誌に論文を投稿する期日が迫っていたため，デイヴィーの実験ノートの下書きを基に論文を清書する仕事をファラデーに依頼したいので3日間，王立研究所に来てもらいたいという内容であった。

　ファラデーは実験ノートに記載されているすべての学術用語について，それまでの彼の努力の成果により難なく理解でき，無事3日間の仕事を遂行することができた。デイヴィーはこの時の彼の仕事ぶりに満足した。ファラデーが科学知識を理解するのに十分な能力をもっており，筆跡も美しかったからである。デイヴィーにとってファラデーは気にとめる存在となった。

　この3日間の仕事はファラデーにチャンスを与えるためのものであった。もしファラデーが難しい学術用語を理解できずに論文を清書することができなかったなら，その後の彼の人生において展望が開けることはなかったであろう。チャンスが近くまで来ていてもそれを掴む能力がなければ，チャンスはすぐさま，遠のいてしまう。彼はこのチャンスを見事に掴むことができたのである。

　論文を清書する仕事を終えて，しばらく経った2月のある夜，ファラデーが就寝のため着替えをしていた時，ファラデー一家が1809年から住んでいたウェイマウス街8番の自宅の前に1台の立派な馬車が停まった。従僕が「明朝，王立研究所に来られたし」と書かれたディヴィーからの手紙を届けた。

　ディヴィーの助手ペイン（William Payne）が実験器具を研究所に収める会社のニューマン（John Newman）を殴る騒ぎを起こし即刻解雇され，そのポストが空いたため，ファラデーを雇用することの連絡がなされたのであった。デイヴィーはファラデーとの会見時の約束を守ったのであった。

3　研究者への扉を開く

　1813年3月1日，王立研究所の実験助手ファラデーが誕生した。名誉教授であるデイヴィーの威信は絶大であり，王立研究所に雇用されたファラデーを彼は個人的にしばしば利用した。

　王立研究所に奉職して7カ月ほど経過した10月13日，デイヴィーはファラデーを伴ってヨーロッパ大陸旅行に出発した。ファラデーにとって，この旅行は見聞を広める良い機会であった。彼らは大陸各地でさまざまな化学実験のデ

図2-2 アンドレ＝マリ・アンペール（1775-1836）（1825年の肖像画）

図2-3 アントニエッタ・ブランダイス（1848-1926）の描いたフィレンツェのヴェッキオ橋

モンストレーションと会見を行った。旅行の最初の行程であるパリではデイヴィーがフランスの化学者たちの前でヨウ素の性質を化学的に示した。「ヨウ素は重くて，黒鉛のように黒い元素であった。熱すると，溶けて美しい紫色の気体になった。温度を下げると，数分で結晶となった。ヨウ素は白金と金以外のすべての金属と化合物を形成した」とファラデーは書簡で述べている（James, 1991: 74）。デイヴィーはヨウ素に関する実験結果を論文にまとめて英国王立協会に投稿した。また，アンペール（André-Marie Ampère）と会見した。アンペールはこの7年後に電流に関するアンペールの法則を発見する。

　パリからリオン，ニースを経て，フランスとイタリア国境の海抜6000フィートのアルプスを越えてトリノ，ジェノヴァ，フィレンツェへと行った。

　フィレンツェではデイヴィーは巨大レンズを用いて，焦点に置かれたダイヤモンドの燃焼実験を行った。ダイヤモンドは白金の受け台で支えられたガラスのグローブの中央に置かれた。ガラスのグローブには，燃焼を持続させるために，空気を通す穴が開けられていた。レンズの焦点に置かれたダイヤモンドは熱せられて，深紅色の美しい光を放って燃焼した。その後，ガラスのグローブには炭素と酸素からなる二酸化炭素のガス以外の物質は認められなかった。これにより，美しいダイヤモンドは単なる炭素から成り立っている結晶であることを実証した。

　ファラデーは書簡でこの町について「フィレンツェは美しく，そして珍しい，

図2-4　ジャン=バティスト・アンドレ・デュマ（1800-1884）（1840-1850年頃の肖像画）

有益な，はかり知れないほど多くのものを所蔵する，すばらしい博物館のような町である．ガリレオが木星の衛星を発見するのに使った望遠鏡や，彼が最初に磨いて作ったレンズなど，学術的に貴重な遺品を見ることができた」と述べている（James, 1991: 75）．

　それからローマ，ナポリ，ミラノへ行った．ミラノでは電池を発明した著名な老年のボルタ（Alessandro Volta，補遺2-5参照☞69頁）と会見した．ジュネーブではファラデーより若い15歳のデュマ（Jean-Baptiste André Dumas）と友人となった．彼は後に有機化学に貢献しエコール・ポリテクニークの化学教授になった．

　彼らはさらにジュネーブからローザンヌ，ベルン，チューリッヒ，ミュンヘン，そしてオーストリアとイタリア国境のチロル・アルプスを越えて再びイタリアに戻り，パドゥア，ヴェネチアへと行った．

　ボローニャ，フィレンツェを通過して再びナポリに着いた．彼らはさらにコンスタンチノープルに行く予定であったが，ナポレオンが幽閉されていたエルバ島から脱出したことを聞き，政情不安になるのを恐れて急いで旅を終えることにした．チロル・アルプスを再び越えてドイツへ戻り，オランダ，ベルギーへ行き，そこから船でイギリスへ渡った．1年6カ月の長い旅行を終えて1815年4月23日，ロンドンに到着した．その直後の6月にナポレオンが率いるフランス軍がイギリス・オランダ連合軍およびプロイセン軍と争う「ワーテルロ

解説 2-2　デイヴィー灯（Davy lamp）

　デイヴィーは安全ランプの研究において，金属の管の内径を 0.1428 inch 以下にし，深さを内径に比例した相当の長さにすると，管の中では，空気と可燃性ガスの混合は爆発しないことを検証した。さらに，爆発は管を通過できないこともわかった。熱伝導のよい金属の管の表面による熱損失がこの現象に寄与していた。これにより，彼は安全ランプを次のように作製した。オイルランプの明かりをとるため，側面は4枚のガラスを用いて構成し，上下は金属で構成した。底面の金属にはランプの燃焼を継続させるため，空気を通す 0.125 inch の直径で 1.5 inch の深さの穴があけられた。上面の金属には，排気のための小さな穴があけられ，煙突の役目を果たした。このように，ランプの内側と外側とは，深さをもつ金属の小さな穴を通して連結された。すなわち，炎を含むランプの内側と可燃性ガスを含む外側との接触は小さな穴のみを通してなされた。彼はこれらの研究成果を論文として，1816 年に発表した（Davy, 1816）。

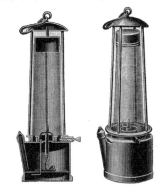

図　デイヴィー灯

ーの戦い」がベルギーで起こった。

　帰国した年の夏，デイヴィーがメタンガスなどの有毒ガスが存在する炭坑内で爆発を起こさずに照明できる坑夫用の安全ランプの研究を依頼されたため，ファラデーは 10 月半ばから 2 カ月間，彼の研究を手伝った（解説 2-2 参照）。

　1818 年から 1822 年まで，ファラデーは外科医用器具メーカーの経営者であるストダート（James Stodart）と鉄鋼の品質を改良するために共同研究をした。それは鉄に少量の白金やニッケルを加えて硬さなどの優れた合金を作る研究であった。このように外部からの共同研究が依頼された理由は，当時，王立研究所がヨーロッパにおいて最も設備の整った研究所であったからである。合金の研究に携わって，ファラデーの化学者としての名声が広まっていった。

　外部との共同研究を行うことによって，ファラデーは臨時収入を得ることができた。後に，共同研究の件数が増えて，彼の臨時収入は本来の研究所での収入をはるかに凌ぐことになった。この状況が続けば相当な額の蓄財ができたかもしれなかった。しかし，共同研究を行う間は，資金を提供する人や企業が共

同研究の主導権をもち、ファラデーの科学者としての主体性が失われ、彼自身の思考に基づいた研究ができなくなることに彼は気がついた。彼はしだいに外部からの商業的な共同研究の契約を断り、本来の研究所の研究のみに専念することにした。貧しい状況になるかもしれないが純粋な科学者としての道を選んだのである。

4 エールステッドの発見

1820年、デンマークのエールステッド（Hans Christian Oersted）が電流と磁気の間の関係を発見した。図2-5のように直線状の導体に電流を流すと、電流の進む方向に右ネジを進めるようなネジの回転方向と、同じ向きの磁気ができた。すなわち、初め南北に向いていた磁針が電流を流すと電線と直角方向に磁針が向きを変えるという現象を発見したのである。

エールステッドの論文は最初ラテン語で出版されたが、この発見の重要性が直ちに認められたため、全ヨーロッパの言語に翻訳された。バンクスの後任としてデイヴィーが王立協会会長に就任するまでの暫定的な会長であったウォラストン（William Hyde Wollaston）はこの発見を聞いたとき、「エールステッドの実験の逆問題」に取り組むことを考えた。すなわち、針金に電流を流すと磁針が動くならば、作用反作用の法則で針金も磁針の周りを動くはずであるという考えである。彼は王立研究所の実験室でデイヴィーの立会いのもとでこのアイデアを実現しようとした。近くで見ていたファラデーはこの問題に興味をもつようになった。前述の市民科学協会のタタムの講演会で知り合いになっていたフィリップスがファラデーにエールステッドの論文の書評を『学術年報

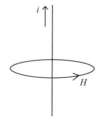

図2-5　電流（i）と磁気（H）の関係

図 2-6　ハンス・クリスティアン・エールステッド　　図 2-7　ウイリアム・ハイド・ウォラストン
　　　　（1777–1851）（1832 年頃の肖像画）　　　　　　　　（1766–1828）（1820-1824 年頃の肖像画）

(*Annals of Phylosophy*)』に執筆することを勧めた。そのため，ファラデーはこの問題に関する多くの実験を繰り返した。

　器用なファラデーはウォラストンとはまったく異なる独自の方法でこの問題に取り組んだ。図 2-8 のように液体である導体の水銀（Hg）を用いて，針金の一端を蝶番に取りつけ自由に動けるようにして可動導線（a）をつくり，他の一端を水銀に浸した。水銀を入れた容器の中央に磁石（M）を固定して設置し，電源に針金（b, c）を接続すると磁石の周りを針金（a）が回った。1821 年 9 月 3 日のことであった。この現象を彼は「電磁回転（electro-magnetic rotation）」と呼んだ。後述の電動機（本章 7 節参照☞ 62 頁）では磁気内のコイルに電流を流してコイルを回転させるのに対して，ファラデーの電磁回転はコイルの代わりに磁気内の針金に電流を流して針金を回転させるもので，電動機の原型とみな

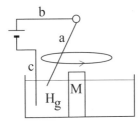

図 2-8　逆問題でのファラデーの方法

すことができるものであった。

　しかし，このファラデーの成功のオリジナリティに関する問題が起こった。ファラデーがウォラストンの研究の一部を盗んだことを示唆する噂が出た（James, 2010: 39）。ファラデーはウォラストンの実験を引用せずに自分の発見を発表した。そのため，ファラデーがしかるべき敬意を払うことなしにウォラストンの実験を模倣したと多くの人の眼に映ったのだった。事実はファラデーがウォラストンとすぐに連絡を取れず，無許可でその研究を引用したくなかったためであった（ボウアーズ, 1978: 44）。ウォラストン自身はこの件を余り追求することを辞退したが，非難はその後も続いた。

　この論争のしこりは，後にファラデーが英国王立協会フェローに推挙されるときに頂点に達する。デイヴィーも「エールステッドの実験の逆問題」の最初の提案者はウォラストンであると考え，電磁回転におけるファラデーのオリジナリティを軽視する見解をもっていたことが報告されている（James, 2010: 39）。

　ファラデーの父は非英国国教であるサンデマン教の信仰告白を1791年2月20日に行った。1821年7月15日，ファラデーは父と同じサンデマン教の信仰告白を行った。その1カ月前の6月12日にサンデマン教信者で銀細工師の娘サラ（Sarah Barnard）と結婚した。彼女はファラデーより9歳年下で控えめな人柄であった。彼らはディヴィーが若い時に住んでいた王立研究所の屋根裏部屋に住み，その後37年間そこで暮らした。

図2-9　ファラデー夫妻

ファラデーは彼女に対して騎士道的に優しかった。彼女はファラデーの身の回りの世話をすることに生きがいを感じた。質素な暮らしであったが，愛情に満ちた2人の生活が始まった。

5 塩素ガスの液化

1823年，ファラデーは塩素ガスの液化に成功した。図2-10のように密閉された逆V字型ガラス管の一端の塩素化合物をブンゼンバーナーで加熱した。分解されてできた黄色い塩素ガスが密閉されたガラス管内に充満し高圧状態となった。その後，ガラス管の冷えた他端に液体の物質が出現した。

気体状の塩素が液化されたのである。この実験は，「気体は非常に低い沸点をもつ液体の蒸気である」という事実を明らかにした。このとき，ファラデーは気体の液化（解説2-3参照）には「高圧と低温」が重要な役割を果たすことに気づいた（ファラデーの塩素ガスの液化の歴史的意義については補遺2-1に詳述）。

ファラデーが成し遂げた塩素ガスの液化の成功に関して，そのオリジナリティに関する問題が起こった。デイヴィーは，ファラデーの実験に関して示唆を与えたと思っていた。彼は「この気体の液化の発見についての名誉は，ファラデーよりも自分が受けるべきである」と感じていた。デイヴィーのこの感情は，ファラデーとウォラストンとの「エールステッドの実験の逆問題」に関するオリジナリティの論争のしこりと同様に，後にファラデーが英国王立協会フェローに推挙される時に頂点に達する。

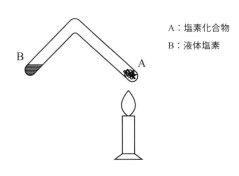

図2-10　塩素ガスの液化

解説 2-3　気体の液化

　物質の状態を圧力 P と絶対温度 T を用いて表したのが図 1 に示す状態線図である。縦軸は圧力 P を，横軸は絶対温度 T を示す。絶対温度は kelvin（K：ケルビン）を単位とし，摂氏温度との間には

　　　絶対温度（K）＝ 273.15 ＋ 摂氏温度（℃）

の関係がある。絶対温度は常に 0 度（K）以上であるため，絶対温度を用いることにより，我々は 0 度以上の温度範囲を考慮すればよいことになる。

　図 1 の実線は物質の状態間の境界を示している。三重点 E より上の実線は固体と液体の境界を示し，ここでは，固体と液体の平衡する状態となる。これにより，固体が融解する温度（融点と呼ばれる）が存在することがわかる。三重点 E より下の実線は固体と気体の境界を示し，ここでは，固体と気体の平衡する状態となる。これにより，固体から気体となる昇華現象が起こる。

　図 1 の破線は液体と気体の境界を示し，ここでは，液体と気体の平衡する状態となる。これにより，液体が沸騰する温度（沸点と呼ばれる）が存在することがわかる。破線の上端 C は臨界点を示し，この点以上の温度では液体と気体を区別する液面が消失する。臨界点より下の温度，たとえば図 1 の温度 T_1 で圧力を上昇すると，気体は液化されることがわかる。また，臨界点より上の温度では，どれだけ圧力を上昇しても気体は液化されない。この破線を蒸気圧曲線という。

　以下に多段階で冷却する方式について述べる。室温 T_1 より高い臨界点をもつ物質 A を図 2 に示すように，室温 T_1 で圧縮して液化する。液化した物質 A の容器の気体は真空ポンプで排気されるようになっている。排気することにより圧力を下げていくと，蒸気圧曲線に沿って物質 A の温度は降下する。T_2 まで降下した

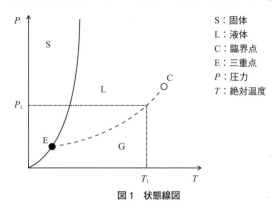

図 1　状態線図

S：固体
L：液体
C：臨界点
E：三重点
P：圧力
T：絶対温度

ところで，その温度 T_2 より高い臨界点をもつ物質 B を温度 T_2 で圧縮して液化する。液化した物質 B の容器の気体を排気して圧力を下げることにより，到達温度 T_3 まで冷却することができる。このように，冷却することを多段階冷却方式という。オンネス（Heike Kamerlingh Onnes）はメチルクロライド，エチレン，酸素，空気から成る多段階冷却方式を用いて液体空気を作った。

1908 年，オンネスは液体空気と液体水素を準備して，ジュール・トムソン効果を利用してヘリウムガスの液化に成功した。その手順は，まず液体空気で予冷した水素ガスを液化し，次いで液体水素で予冷したヘリウムガスを液化するものであった。ジュール・トムソン効果は多孔質の詰物の入った管の中に気体を流し膨張させた時に温度が変化する現象で，液化が近づくと常に冷却効果が顕著になる（メンデルスゾーン，1971）。

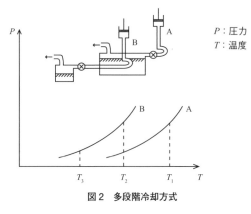

図 2 多段階冷却方式

補遺 2-1　ファラデーの塩素ガスの液化の歴史的意義

　ファラデーの得た気体の液化における「高圧と低温」に関する知見は，約半世紀後になって極低温を実現するために重要な課題となる液化の困難な「気体の液化」において活かされる。たとえば，ポーランドのクラコーで研究していたウロブルスキー（Zygmunt Wroblewski）とオルセウスキー（Karol Olszewski）が 1883 年に酸素ガスの液化に成功したとき，高圧ボンベから取り出された気体の酸素を，沸騰する減圧下の液体エチレンに浸されて冷却された管に導いて液体酸素を作り出した。

　また，1908 年にオランダのライデン大学のオンネスが，最も液化の困難な気体であるヘリウムの液化に成功したときも，準備として必要な液体空気を得る際，彼はウロブルスキーとオルセウスキーの手法の多段階方式を適用した。このように，ファラデーが発見した「高圧と低温」に関する知見は気体の液化において重要な役割を果たした。

　オンネスはヘリウムガスの液化の成功のみに満足せず，気体の液化で実現した低温環境において物質の性質を調べることを試みた。彼は液体ヘリウムを用いた極低温下での実験で，水銀の電気抵抗がある転移温度以下で零になるという「超伝導現象」を発見した。「超伝導現象」は 20 世紀における重要な発見の 1 つである。

　超伝導状態の物質は電気抵抗が零であるため，電流を流しても熱損失が無く，大電流を流すことができる。そのため，超伝導状態の物質をコイルとした電磁石は強力な磁場を作ることができ，現代，リニア新幹線や医療機器の MRI（Magnetic Resonance Imaging）などに利用されている（塩山，2002）。

　極低温を実現するための重要な手段である「気体の液化」技術の歴史において，ファラデーによってなされた「塩素ガスの液化」は先駆けとなる技術であった。王立研究所で水素ガスの液化に成功したデュアーも，かつて同研究所で気体の液化を成し遂げたファラデーを常に尊敬していた（メンデルスゾーン，1971）。気体の液化による低温技術を用いる低温工学が現代社会で大切な役割を果たしているが，低温工学の歴史はもとをたどれば，ファラデーの業績にまでさかのぼるのである。

図1　ハイケ・カメリン・オンネス（1853-1926）

図2　ジェイムズ・デュアー（1842-1923）

6 英国王立協会フェローに選出される

　1823年，ファラデーは英国王立協会フェロー（第Ⅰ章6節参照☞20頁）に推挙された。英国王立協会フェローになることは科学者として名誉あることであった。ファラデーがタタムの講演会に出席した時からの友人であった化学者フィリップスは，1822年にすでにフェローに選出されていた。彼がファラデーを推挙したのである。

　規定には定められていなかったが，慣例に従えば前もって，推挙の提案者が英国王立協会会長に相談するのが普通であった。当時，すでにデイヴィーが会長になっていた。しかし，フィリップスは前相談無しに推挙を行った。デイヴィーは怒り，ファラデーに対して推挙されることを断るように求めた。しかし，ファラデーは「そのようなことは推挙の提案者しかできない」と突っぱねた（James, 2010: 40）。

　デイヴィーの先任者のバンクス会長は，地位を利用して，とうてい科学者とはいえない多くの人をフェローに選出していた。デイヴィーは会長に就任してから，このことを改革しようと努力していた。しかし，彼が行った厳しいフェロー選出の改革に対して英国王立協会内のある党派に不満が生じていた。そのため，デイヴィーは協会内の意見を気にするようになっていた。デイヴィーがファラデーを推挙することに反対した表向きの理由は「自分の弟子ファラデーをひいきしてフェローの推挙に賛成していると思われたくない」ということであった（James, 2010: 40）。

　1824年1月8日，ファラデーは英国王立協会フェローに正式に選出された。この選出にあたって反対票が唯一票だけあった。その反対票はデイヴィー自身の票であった。このことを知ったファラデーはデイヴィーの真意がわからず悩んだ。1825年2月，ファラデーは王立研究所実験室主任に昇格した。これはデイヴィーの推挙によるものであった。そのときにデイヴィーの真意に対するファラデーの悩みは少し和らいだ。この頃，デイヴィーは大陸や，イギリスの島を旅行したりして王立研究所を留守にすることが多かった。留守中，ファラデーを自分自身の代理人としていた。

　1825年，ファラデーは新しい物質を発見した。この物質が炭素と水素の2元

> **補遺 2-2　ベンゼン環**
>
> ベンゼンという炭素と水素からなる物質に対して，1865 年にケクレ（Friedrich August Kekule von Stradonitz）がベンゼンの構造式（Kekule structure）を提案した。それは図に示すように，ベンゼン環といわれる 6 角形の環をもち，6 角形のコーナに炭素が配置されて，各炭素が隣接する 2 つの炭素とそれぞれ 2 重結合および 1 重結合で繋がり，すべての炭素に 1 つの水素が結合するという構造であった。たとえば，合成樹脂や合成ゴムの原料としてのスチレンはベンゼン環をもっており，ベンゼン環は後の時代において有機化学で重要な役割を果たすことになる。
>
>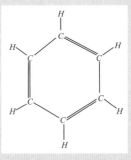
>
> 図　ベンゼンの構造式

素から成ること，および 2 元素の化合比も発見し，「水素の重炭素化合物」と彼は名づけた。後にミッチェルリッヒ（Eilhard Mitscherlich）がこの物質をベンゼン（Benzene）と命名した（補遺 2-2 に詳述）。

1825 年からファラデーは王立研究所での金曜講演を開始した。この金曜講演に参加できたのは王立研究所の終身会員（解説 2-1 参照）と会員たちの招待客のみに限られた。翌年には子供たちのためのクリスマス講演も開始した。彼の最終クリスマス講演は『ロウソクの化学史（The chemical history of a candle）』[4]として 1861 年，出版されることになる。この本はそれまでに出版された書籍の中で最も普及した科学についての書籍であった。1854 年，ファラデーが教育に関する一連の講演を行ったとき，ヴィクトリア女王の夫君であるアルバート公が出席していた。科学とその応用に興味をもっていたアルバート公はその後，ファラデーの講演をたびたび聴くようになり，1855 年のファラデーによるクリスマス講演に 2 人の子息と共に出席した。

ファラデーは 127 回の金曜講演，19 回のクリスマス講演を行った。作家のエリオット（George Eliot）がコメントしたように彼の講演は当時の最先端科学を

---

4) 邦訳に際しては『ロウソクの科学』が定着している（ファラデー，2010: 15）。

図 2-11　王立研究所でのクリスマス講演（1855年頃の絵）

オペラのように楽しく解説するものであった．彼の講演を聴いた市民は，彼の人柄の良さに惹かれ，親しみを覚えた．これら2つの講演は現在も王立研究所で続けられている．

7　電磁誘導の発見

　1825年にイギリスのスタージョン（William Sturgeon）が軟鉄片の周りに巻きつけたコイルにより電磁石を作った．これで人類は電気を磁気へ変換する方法を手に入れた．

　「この逆はできるのだろうか？」と考えたファラデーは1820年代，ノートブックに「磁気を電気に変換する」アイデアを書き留め，この大きな問題に取り組むことにした．なぜなら当時，人類は未だその解答をもっていなかったからである．

　1827年にロンドン大学から化学教授として招請されたが，それを辞退して王立研究所にとどまり，この研究をすることにした．1829年5月にデイヴィーがジュネーブで逝去した．ファラデーとデイヴィーの友好的な関係は，前述のエールステッドの逆問題実験におけるオリジナリティに関する問題と「塩素ガスの液化」のオリジナリティの件が原因で，ファラデーが英国王立協会フェローに選出された頃にすでに終わっていた．

[125]

V. *Experimental Researches in Electricity.* By MICHAEL FARADAY, F.R.S., M.R.I., Corr. Mem. Royal Acad. of Sciences of Paris, Petersburgh, &c. &c.

Read November 24, 1831.

§ 1. *On the Induction of Electric Currents.* § 2. *On the Evolution of Electricity from Magnetism.* § 3. *On a new Electrical Condition of Matter.* § 4. *On* ARAGO'S *Magnetic Phenomena.*

1. THE power which electricity of tension possesses of causing an opposite electrical state in its vicinity has been expressed by the general term Induction; which, as it has been received into scientific language, may also, with propriety, be used in the same general sense to express the power which electrical currents may possess of inducing any particular state upon matter in their immediate neighbourhood, otherwise indifferent. It is with this meaning that I purpose using it in the present paper.

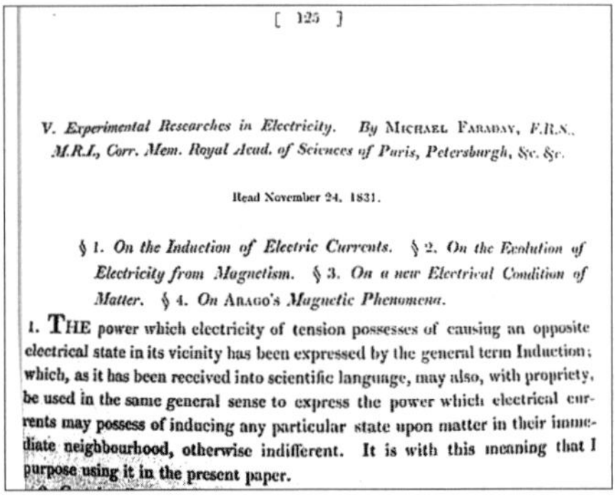

図 2-12　ファラデーの電磁誘導の論文

（Faraday, 1832: 125–162）

PHILOSOPHICAL

TRANSACTIONS

OF THE

ROYAL SOCIETY

OF

LONDON.

FOR THE YEAR MDCCCXXXII.

PART I.

LONDON:

MDCCCXXXII.

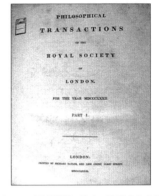

図 2-13　電磁誘導の論文が掲載された学術論文誌（*Philosophical Transactions of the Royal Society*, 1831 年投稿，1832 年出版）

ファラデーは磁気を電気に変換するため，何年もの間，小さな針金のコイルと小さな棒磁石をいつもポケットに入れて電気と磁気について考えをめぐらしていた。1831 年 10 月 17 日，磁気の時間的変化が電流を誘導する電磁誘導（解説 2-4 参照）を発見し，ファラデーの電磁誘導に関する最初の論文が 1831 年 11 月 24 日に投稿された。この時，すでにスタージョンが発見していた電気を磁気に変換する方法に加えて，人類は初めてその逆である磁気を電気に変換する方法をも手に入れたのである。電磁誘導の発見により，近代社会の文明の利器を生み出す原点となる発電機，電動機，変圧器などが発明されることになった。

発電機では，水力や水蒸気の動力により磁気内で回転するコイルにおける磁気の時間的変化が電流を誘導する。一方，電動機では，逆に，電流が流されるコイルが磁気内で回転することにより動力を得る。電動機は現代社会で洗濯機のような家電製品，コンピュータのような通信機器，自動車のような乗り物，エレベータのような産業機器など多岐に渡って活用されている。

ファラデーは電磁誘導に関する普遍的な法則を探究し，「電磁誘導を起こす力である誘導起電力が誘導されるには，磁気の時間的変化を起こすように，針金が磁力線（補遺 2-3 に詳述）を切断することが必要である。針金は磁力線を横切るとき垂直であろうと，斜めであろうと，それが横切る磁力線の個数に誘導起電力は比例する」という結論を得た。

解説 2-4　誘導リングによる実験

　ファラデーは図1のようにリング状の軟鉄の一方に絶縁物で被覆した針金で第1のコイルを巻き，これに電池をつなぎスイッチの開閉により電流を断続できるようにした。その軟鉄の反対側に第2のコイルを巻き，それに接続した電線で閉回路を作った。第2のコイルに接続された電線の近傍には磁針を設置した。もし，第2のコイルに電流が発生したなら，この磁針がエールステッドの発見した現象により，振れるはずである。第1のコイルに電流を流すことにより軟鉄の中に磁気が発生しその磁気が第2のコイルに貫通する軟鉄に達して第2のコイルに電流を誘導するかもしれないと考えた。しかし，スイッチを閉じて電流を流しても何の変化も起こらなかった。

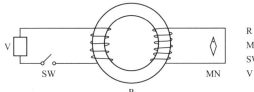

R：誘導リング
MN：磁針
SW：スイッチ
V：電池

図1　電磁誘導

　何回も同じようにスイッチを閉じて電流を流しても電流が流れている間は何も起こらなかった。やはり失敗かと思いながら彼がスイッチを開いて電流を切った瞬間にかすかに磁針が振れたような気がした。この一瞬の出来事を彼は見逃さなかった。再びスイッチを開いて電流を切る瞬間に注目してみることにした。
　確かに，電流を切った瞬間に磁針が振れた。科学的事実は，同じ条件の下でだれがどこで実験を行っても，同じ結果が確認されなければ，その事実は真理としては認められない。すなわち再現性が確認されなければならないのである。ファラデーはその現象の再現性を確認した。
　スイッチの開閉の過程で彼は非常に重要なことに気づいた。スイッチを閉じて電流を流し始めた瞬間にも磁針が振れたのである（James, 2010: 57）。彼は第1のコイルの電流の状態に変化が起こったときにのみ，第2のコイルに電流が誘導されるという結論に達した。
　第1のコイルの電流の変化が，結局，軟鉄の磁気にも変化をもたらすことになる。そのときの磁気の変化が，第2のコイルに電流を誘導したのであるとファラデーは考えた。それならば磁気の変化を別の方法で与えてみても電流が誘導されるはずであると考えた。
　図2のように直線状にコイルを巻きそれを短絡するように接続された電線の近傍に電流を検知する検流計の役割を果たす磁針を設置した。彼はコイルの中心軸

上で，磁石をコイルに近づけたり遠のけたりした．1831年10月17日，彼が予想したとおり磁針は振れた．激しく磁石を上下させたとき大きく磁針が振れることを見つけた．すなわち，電気を生み出すにはコイルと磁石の相対運動が必要で，磁気の時間的変化が電流を誘導することがわかった．

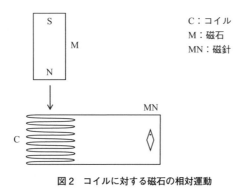

図2　コイルに対する磁石の相対運動

補遺 2-3　磁力線と電力線

　ファラデーが考えた磁力線や電力線のような「力線」の場という概念を，アンペールの電気力学の流れを信じていた大陸の数理論者は認めようとしなかった（湯川・田村，1955–1962）．なぜなら，アンペールの電気力学はその数学的定式化において遠隔作用論的形態をとっていたからである．しかしマクスウェル（解説2-5参照）だけはファラデーの考えを認めていた．彼はケンブリッジ大学を卒業後ただちに，ファラデーの「力線」の着想の数理化に着手した．1855年に論文「ファラデーの力線（On Faraday's lines of force）」を『ケンブリッジ・フィロソフィカル・ソサエティー（The Cambridge Philosophical Society）』に投稿し，それは翌年に出版された．マクスウェルはファラデーの研究を「1830年代以降の電気関連すべての研究の核心である」とみなしていた（James, 2010: 89）．
　また，アインシュタインは「ファラデーとマクスウェルの電場理論はニュートン以来の物理学が経験した最も深遠な理論創設である」と述べている（James, 2010: 90）．

　ファラデーは図2-14のような，磁気内の回転銅板のAとBを結ぶ半径方向に持続的な直流電流が得られる「磁気起電機」を考案した．これはダイナモ（dynamo：整流子を用いた直流発電機）の原型である．交流発電機では，磁気内

解説 2-5　マクスウェルによる電磁現象の理論化

マクスウェルは 1864 年に全電磁現象を理論的に統合する 4 つの偏微分方程式で表される電磁方程式を導出した。その 1 つがファラデーにより発見された電磁誘導現象に対応し，電界 E の空間的変化に関する第 1 項と磁束密度 B の時間的変化に関する第 2 項より成る。B（$=\mu H$，H は磁界，μ は導磁率）は磁気誘導とも呼ばれる。

針金で 1 ターンのコイルを形成しそのコイルに磁石を急激に接近させるものとする。そのとき，上述の電磁誘導の式のそれぞれの項をコイルで囲まれる面積について積分すると，第 1 項は電界のコイルに沿った線積分となり，誘起される起電力（電圧）を表わす。第 2 項はコイル内を貫通する磁束密度の総和の時間的変化を表わす。すなわち上述の式はファラデーが発見した電磁誘導現象の定式化されたものであることがわかる。電磁方程式の他の 3 つの式は，(1) 電気変位 D（$=\varepsilon E$，ε は誘電率）の時間的変化および電流による磁場の生成，(2) 電気変位と電荷の関係（ある球面から外側に出る電気変位の総和は球面の内側に存在する電荷の総和に等しい），(3) 磁束密度の連続性に関する式である。このようにマクスウェルによって，全電磁現象は理論体系化された（湯川・田村，1955–1962）。電気変位と磁束密度の方向を示す曲線をそれぞれ，電力線（または電気力線），磁力線（または磁気力線）という。

図　ジェームズ・クラーク・マクスウェル（1831-1879）

のコイルが半回転する毎に電流の方向が逆転する。常に同方向の直流電流を得るために，ダイナモでは，回転する整流子に摺動接触してかつ，外部回路にも繋がる 2 つの固定端子を設置し，半回転毎にコイルとの接続を切り替えて一定の方向の電流を外部回路に取り出す。整流子は，回転軸の表面に 2 枚で 1 周す

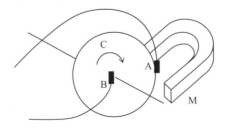

M：磁石
A, B：摺動接触型電極端子
C：回転銅版

図 2-14　ファラデーの磁気起電機

補遺 2-4　電磁誘導の現代的解釈

　$-e$ の電荷をもつ電子が磁束密度 B の場の中を速度 v で運動するとき，図1に示されたローレンツ力と呼ばれる F の力を受ける。ローレンツ力の方向は v と B を含む平面に垂直で，ローレンツ力の大きさは v と B のなす角 θ の正弦関数を用いて $evB\sin\theta$ で表される。ただし，v は速度の大きさで，B は磁束密度の大きさを表す。

　金属内には自由に動き回ることができる負の電荷をもつ自由電子と，自由に動き回ることができない正の電荷をもつ陽イオン（結晶内原子から自由電子を取り去ったもの）が存在する。図2のように磁束密度 B の場で針金を速度 v の方向に運動させるとき，ローレンツ力が針金内の自由電子に働く。その電子がローレンツ力により針金のQの方へ動くため，Pには正の電荷，Qには負の電荷が目立つようになり，電子に対するQからPへの方向の電界 E（単位電荷に働く力で，電位の空間的勾配に負符号を付けたもの）が生じる。ローレンツ力によって限りなく電子がQの方へ流れるのをこの電界が阻止するため，両者の均衡のとれる平衡状態が存在する。すなわち，電子に働く電界による力 eE とローレンツ力 $evB\sin\theta$ がつりあう。電界の大きさは，電圧の空間的勾配であるため，PQ間の電圧をPQ間の長さ l で割った量であり，結局，PQ間の長さと速度と磁束密度の積に，速度と磁束密度のなす角の正弦関数を掛けた量 $lvB\sin\theta$ で表される電圧が誘導される。

　もし，針金PQに負荷Rまたは針金をつなげば図3のように電流 i が流れる。

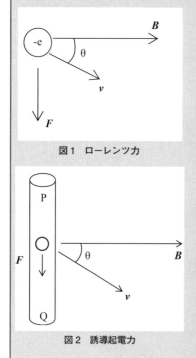

図1　ローレンツ力

図2　誘導起電力

るように半周ずつ分けて貼られた金属板で構成される。2枚の金属板はコイルの2端子にそれぞれ繋がる。

　ファラデーの発見した電磁誘導はコイルなどの電気回路の有る場所の磁気が変化するとき，言い換えると磁力線の状態が変化するとき，起電力が生じ電流が流れる現象である。この起電力を誘導起電力，この電流を誘導電流という。

図4のようなコの字形の針金の互いに平行な辺に直角に接触して針金PQが速度vで運動する場合を考える。vはBに垂直であり、PQ方向にも垂直とする。ORの長さはlとする。このとき、PQに起電力としてlvBが誘導され、P→O→R→Q→Pの方向の電流iが流れる。

一方、時間tの間にPORQ内の面積はlvtだけ変化するので、時間tの間に$lvtB$の磁束（PORQ内の磁束密度の和）の変化が生じる。したがって、誘導起電力がlvBであることを考慮すると次の関係が得られる。

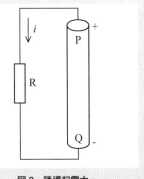

図3　誘導起電力

誘導起電力＝単位時間の磁束の変化

この関係が電磁誘導の法則である。誘導電流iによって生じる磁気はBと逆向きであることを考えると、磁束密度Bの場では、Bに対して逆向きの磁気を生じさせるような電流が誘導されることがわかる。

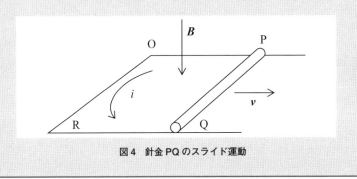

図4　針金PQのスライド運動

補遺2-4に詳述するように、磁気中において運動する金属内の電子の振る舞いに基づいて電磁誘導の法則を導出することができる。

8 電気分解の法則の発見

ボルタ電池は亜鉛と銅などの第1種の導体と電解質などの第2種の導体による多数の積み重ねで構成されていたためボルタ電堆とも呼ばれた（補遺2-5 に詳述）。1800年にボルタはこの発明を英国王立協会会長バンクスに書簡で知らせた。

ボルタから書簡を受け取ったバンクスはイギリスの化学者ニコルソン（William Nicholson）と外科医カーライル（Anthony Carlisle）にボルタ電池の発明を伝えた。2人はボルタ電池を作製し，電源としてその電池を用いた。図2-15 のように電池の両端に接続された電極としての2本の針金を水を満たした別の容器に浸した。そのとき陰極の針金から水素が発生し陽極の針金からは酸素が発生し，化学反応による電気分解が確認されたのである。ニコルソンとカーライルはこの化学反応を検証した最初の人たちとなった。

1811年にゲイ＝リュサック（Joseph Louis Gay-Lussac）とテナール（Louis Jaques Thenard）によって提案されていた「電解質が分解される割合を支配する因子は，電極や溶液の濃さではなく，それを通過する電流の強さのみである」という考えをファラデーは実験によって検証した。すなわち，電気分解において，電極と溶液の接触は不必要であり，電気分解の過程は電極の作用によるものではなく，溶液内のあらゆる場所においてそこを通過する電流の強さによるものである，という結論を得た。

その結果1833年，「電気分解による生成物の量は通過する電気の絶対量に比例する」というファラデーの電気分解の第一法則が発見された（解説2-6参照）。さらに，電気分解で得られる成分の質量を測定し，陽極または陰極に発生する

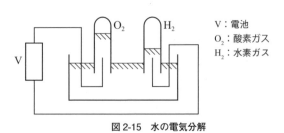

図2-15 水の電気分解

補遺 2-5　ボルタ電池の発明

　1780 年にボローニャ大学の解剖学教授ガルバーニ（Luigi Galvani）は蛙を解剖し，その脚の神経に外科用メスで触れた。そのとき突如として脚の筋肉が激しくけいれんするのを観測した（湯川・田村, 1955–1962）。この結果，ガルバーニは「蛙の筋肉自体が電気を生成している」という説を発表した。この発見は物理学者および生理学者の間に大きな反響を引き起こした。

　ボルタはガルバーニが行った蛙の脚の実験を繰り返した。彼は蛙の脚の少し離れた 2 ヶ所の神経に銀箔を設置し，これらの銀箔から神経に電気を通した。その結果，蛙の脚の筋肉に強いけいれんが起こった。この実験により彼は「電気の流れによって神経が刺激を受け，その神経からの 2 次効果として筋肉のけいれんが起こった」と認識した。

　さらに，彼はこの方法とは異なる別の実験も行った。少し離れた 2 ヶ所の神経に設置した銀箔を金属線で接続しただけで外部からは電気を通さなかった。このときも筋肉に強いけいれんが起こった。すなわち，神経の 2 ヶ所に設置された電極である銀箔を金属線で短絡して，神経と金属線の閉回路を形成したとき流れる電気によって神経が刺激を受け，その神経からの 2 次効果として筋肉のけいれんが起こったのである。これで彼は蛙の筋肉に関するガルバーニの説を否定することになった。

　ボルタは 2 ヶ所の神経に設置した銀箔の代わりに 2 つの互いに異なる金属を用いたとき，より強いけいれんが起きることも発見した。「2 つの異なる金属の存在がより強い電気の流れの原因となり，蛙の解剖体そのものは何ら電気を生成しない」という考えに至った。

図 1　ルイージ・ガルバーニ
（1737–1798）

図 2　アレッサンドロ・ボルタ
（1745–1827）（19 世紀初頭の肖像画）

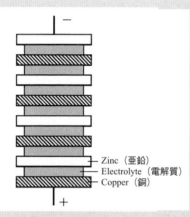

図3 ボルタ電池（電堆）(Voltaic pile)

異なる金属を使っての電気の流れの実験を進めるうちに，ボルタが第1種の導体と呼んだ亜鉛，銅，銀などの金属と彼が第2種の導体と呼んだ湿った導体または流体との接触が電気の流れになにがしかの動力を与えることを発見し，第1種の導体たとえば亜鉛と銅で2つの電極を作り，これらの電極の間に第2種の導体たとえば塩水に浸した湿った物質（電解質）を介在させるような回路において電気の循環が生じることも発見した。こうして，第1種の導体の2種類の金属間に第2種の導体を1種類はさんで組み合わせたものを多数，積み上げてボルタ電池が発明された。

ボルタ電池が発明されたことにより，これを直流電源としてデイヴィーなどが電気分解実験を行った。現代では以下のように種々の電池が存在する。リチウムイオン電池のような放電と充電の両方可能な二次電池も存在する。また，以上のような化学反応に基づく電池の他に，光のエネルギを半導体（p-n接合）に放射することにより電力を作る太陽電池のように物理現象を利用した電池も存在する（塩山, 2002）。

元素の量が一定の比をなすことも発見し，これを「電気化学当量」と呼んだ。この当量の測定から「電気化学当量は通常の化学当量（解説2-7参照）に一致し，同一であり，電気分解による生成物の量の比は化学当量の比である」というファラデーの電気分解の第二法則（解説2-6参照）が発見された。

この法則に従えば，たとえば，水の電気分解で生じる水素と酸素の量の比は化学当量の比 1.008：8.000 で，グラム分子（mol）の比で 1：1/2 となり，体積の比では 2：1 となる（解説2-6参照）。

電気分解により溶液中の金属が陰極に析出されることを利用してデイヴィーは溶液中のナトリウムやカリウムを世界で初めて分離することに成功した。現代では電気分解を利用してめっきが行われている。

1834年，ファラデーは電気分解の研究を続行し，電気分解の現象を，正確

第Ⅱ章　マイケル・ファラデー　*71*

解説 2-6　電気分解の法則

ファラデーの電気分解の法則を定量的に説明する。

第一法則：電気分解によって両極に生じる物質の量は電気量（ampere（アンペア）×秒数）に比例する。

第二法則：同じ電気量によって生じる物質の量はその化学当量に比例する。

（例）水の電気分解によって生じる H_2 と O_2 の量の比は化学当量の比 1.008：8.000 である。これはグラム分子（mol）の比では 1：1/2 となる。したがって，アボガドロの法則に従えば，体積比は 2：1 となり，水素の体積は酸素の 2 倍である。

第三法則：1 グラム当量のイオンを析出するのに要する電気量 = 96500 coulomb（クーロン）= 1faraday（ファラデー）

1coulomb = 1ampere × 1 秒の電気量

1 グラム当量＝化学当量の数値にグラムをつけた元素の量

アボガドロの法則：同温度，同圧力，同体積の下では種類に関係なく同じ分子数が存在する。

解説 2-7　化学当量

電気分解によって陽極と陰極に生成される物質の量の比は化学当量の比で決まる。以下に化学当量について説明する。

原子量は原子の相対的質量を表す無名数であり，酸素 1 原子 O の質量を 16.000 としてこれを基準とする。原子量にグラムをつけた元素の量をグラム原子という。たとえば，酸素 1 グラム原子は 16.000g となる。分子量は分子の相対的質量を表す数で，酸素 1 分子の質量を 32.000 としてこれを基準とする。グラム分子（mol）は分子量にグラムをつけた元素または化合物の量で，たとえば，窒素（N）1mol は 28.016g となる。

1 グラム分子中にはアボガドロ（Avogadro）数（$6.02214076 \times 10^{23}$）だけの分子を含む。

化学当量は酸素 1/2 原子量（または水素 1 原子量）と化合する元素の量（無名数）で定義される。たとえば，酸素の化学当量は 8.000（H_2O から），塩素の化学当量は 35.457（HCl から）となる。

原子量と原子価が分かっているとき，化学当量は（原子量）/（原子価）で与えられる。ただし，原子価はある元素の原子 1 個が結合する水素原子の数をその元素の原子価という。たとえば，Cl は 1 価（HCl），O は 2 価（H_2O），N は 3 価（NH_3）となる。水素と直接化合しない元素の原子価は原子価既知の他の元素と化合する数の割合から知ることができる。

に表現するためと同時に科学者間で議論しやすくするために，多くの言語学の専門家と相談して新しい学術用語を導入した。電極（Electrode），アノード（Anode：陽極），カソード（Cathode：陰極），電解質（Electrolyte），アニオン（Anion：陽イオン），カチオン（Cation：陰イオン），イオン（Ion）がそれらであり，現在も使用されている。これらの学術用語を用いれば「溶液中の金属」は「アニオン」で表現される。

9　誘電体，光と磁気，磁性体の研究

誘電体の研究

　ファラデーは電気分解に関する研究を進めているとき，電気伝導の法則に基づく効果に注意を向けた。電解質は液体のときには伝導力をもつが凝固すると，この力を失う。たとえば電解質が水であるとすれば，それが固体である氷のとき，氷板の両面を白金箔で被い，これらの箔を2種類の電気の源に接続すると，氷の両表面には電荷が誘導されるが電流は通さない。もしも氷が液化されて水になれば電流を通す。彼はこの現象に注目したのである。

　2種類の電気の源に接続された2つの金属（電極という）の間に置かれた絶縁体媒質の表面に電荷が誘導される現象は，絶縁体媒質全体の隣接する分極状態の粒子（双極子と呼ばれる）の作用によって起きる。そして距離を隔てての電気の作用は，介在する物質の影響を通さずには起きない，と彼は考えた。このようにして，ファラデーは絶縁体媒質表面における電荷の誘導を，電極間に存在する絶縁体媒質の分極状態に関係づけようとした（解説2-8参照）。彼は分極の効果を明らかにするため，2つの金属球殻に挟まれた絶縁体媒質表面に誘導される電荷がこの球殻間に介在する絶縁体媒質によっていかに影響されるかを調べる実験をした。

　その結果，同じ電圧を与えても，絶縁体媒質の種類が異なれば絶縁体媒質表面に誘導される電荷の量が異なることがわかった。この電荷と電圧の間の関係を，ファラデーは「誘導容量」と呼んだ。これが今日「誘電率」と呼ばれているものである（解説2-8参照）。また1837年11月，絶縁体媒質を「誘電体（Dielectrics）」と呼ぶことを提唱した。

解説 2-8　誘電率とは

図1のように，電荷 q_1, q_2 をもつ2つの粒子が距離 r の間隔をおいて配置されたとき，粒子に働く静電気力 F はそれらの電荷の積 $q_1 \times q_2$ に比例しさらに距離 r の二乗に反比例する。q_1, q_2, F は絶対値を示しそれぞれの電荷が互いに同符号なら，静電気力は斥力となり，異符号なら引力となる。この法則をクーロンの法則という（湯川・田村, 1955–1962）。

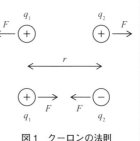

図1　クーロンの法則

次に誘電体（絶縁体または不導体とも呼ばれる）における分子について考える。分子における正電荷の重心と負電荷の重心が一致せず，ある距離だけ隔てられているとき，この分子を極性（polar）分子という。一方，両者の重心が一致するとき，無極性（non-polar）分子という。

図2に示すように，負と正の帯電金属板を上下に配置しその間に極性分子を置くとき，通常，自由な方向を向いていた分子は帯電金属板によって生じる静電気力の方向に回転する。一方，無極性分子を置くときは，分子内の正と負の重心が静電気力の方向に向くように分離する双極子となる。すなわち，静電気力の働く場にある時，極性分子，無極性分子どちらも双極子が静電気力の方向を向く。

結局，静電気力の働く場にある双極子の向きから，図3に示すように静電気力の働く場に置かれた誘電体の上面に正電荷が，下面に負電荷が現れる。このような現象を誘電分極という。

図4の上下電極間の電位を V とするとき，電極間に置かれた誘電体の表面に誘導される電荷 Q は V に比例する。この比例定数 C を容量という。図4のようなコンデンサの上下電極の面積が S で，電極間距離を d とするとき，容量 C は面積 S と電極間距離 d の比 S/d に比例する。この比例定数を誘電率という。

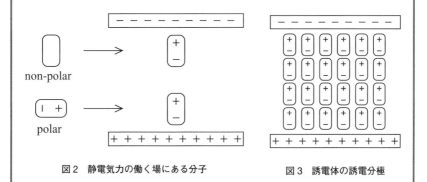

図2　静電気力の働く場にある分子　　図3　誘電体の誘電分極

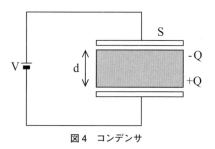

図4　コンデンサ

　コンデンサは抵抗やコイルとともに電子回路を構成する重要な電子部品である。誘電率の大きい誘電体を用いることにより，大きな容量のコンデンサを作ることができる。
　コンデンサは直流信号を通過させず，交流信号のみを通過させる性質をもつ。そのため，電子回路において，周波数の高い交流信号を通過させるための高域フィルタ（High pass filter）として，コンデンサが用いられる。高域フィルタはある閾値より高い周波数の交流信号を通過させるもので，この閾値は遮断周波数と呼ばれ，コンデンサの容量に反比例する値をもつ。一方，直流の電気信号を電子回路で処理するときは，信号中の不要な交流分（リプル）を除去するために平滑回路が用いられる。この平滑回路において，交流分をアースに落として除去するためのコンデンサが用いられる。平滑回路のコンデンサの容量が大きい程，平滑の性能が増す。

　誘電体内の粒子は小磁針の系列になぞらえることができ，誘電体の分極状態は磁場におかれた軟鉄における分極状態と類似性を示すという考えに至った。すなわち，誘電体の分極状態は電場により説明できると考えた。ファラデーは電力線の考えを導入した。このようにして「電場」という概念が誕生した。この電場の概念はマクスウェルによる電磁現象の理論化に活かされた（解説2-5に詳述☞65頁）。
　蓄電器（コンデンサ，キャパシタともいわれる）の容量（解説2-8参照）の単位としてファラッド（F：farad）が用いられているが，これはファラデーの功績をたたえるために彼の逝去した翌年に名づけられたものである。
　1839年11月，ファラデーは体調を崩し，目まいや頭痛に悩まされるようになった。1840年12月，王立研究所は彼の健康回復まで，勤務を免除したため，1841年，スイスで3カ月間，静養した，しかし，完全に回復することはなかった。

光と磁気の研究

　図2-16に示すように，光は進行方向に対して垂直な方向に振動する横波である。その振動する方向は通常の光では，進行方向に対する垂直面内のあらゆる方向を向く。しかし特殊な結晶を通過させると，その振動方向が一定の偏光となる。

　1845年8月，ファラデーの親しい友人であった数理物理学者のトムソン（William Thomson）がファラデーに「透明な誘電体は偏光にどのような効果をもつのでしょうか？」と手紙で問いかけた（James, 2010: 79）。これに答えるための実験をファラデーは試みた。

　ファラデーは力線についての考えにより電気や磁気の作用を正しく説明できると確信し，磁気的性質を磁力線で理解しようとした。彼は光と磁気の関係を調べるために光を偏光させる偏光子として重ガラスを用い，重ガラスの近くに強力な磁場を用意して光を重ガラスに通した。このとき光の偏光面が回転したのである。磁場がないときは偏光面の回転は起こらないことも確認した。この磁場による光の偏光面の回転を「ファラデー効果」という。これを発見したのは1845年9月13日であった。

　ファラデー効果の応用として，高圧送電線に流れる電流を非接触で安全に測定する方法がある。送電線に流れる電流によって生じる磁場の強さに応じて，ファラデー効果の偏光面の回転角が変化することを利用して，電流を測定することができるのである。

　1862年にファラデーは強力な磁場を通過するときの光の波長の変化を探究

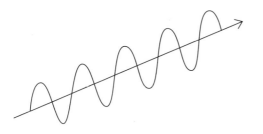

図2-16　光の振動（矢印は光の進行方向）

図2-17　ファラデーが光と磁気の研究で用いた電磁石（ファラデー博物館にて2017年9月松田氏撮影）

する実験をしたが，装置の感度が不十分であったので結果は否定的だった。彼の予想した現象は 1896 年にゼーマン（Pieter Zeeman）によって発見され，ゼーマン効果（光の波長が磁場によって複数の波長に分裂する現象）という。ファラデーの予想したことが約 30 年後に発見されたことから，彼が先を見通す鋭い直観力に基づいて探求していたことがわかる。

磁性体の研究

　磁場が物体に働きかけ磁化するときの物体の磁気的な振る舞いをファラデーは研究した。彼は強力な磁場にさらされる空間中に自由に動けるように物体を吊るした。ガラスをはじめとして多くの物体の場合，それらの物体は磁力線に垂直方向に向いた。しかしアルミニウムのような常磁性体の場合には磁力線の方向に向くのであった。このようにガラスや多くの物体の場合，常磁性体とは異なって磁力線に垂直方向に向くのは，磁場によって磁場とは逆向きの磁化が物体内に生じたためであった。ファラデーはこのように常磁性体とは異なる物体の磁気的性質を「反磁性（diamagnetic）」と 1845 年に名づけた。

10　ファラデーの社会的貢献

照　　明

　ファラデーの社会的貢献として，まず照明関連のものが挙げられる。

　1836 年，ファラデーはトリニティ・ハウス（Trinity House）のアドバイザーにも任命された。この職を 1865 年まで務めている。トリニティ・ハウスはイギリス沿岸の航海の安全に責任をもつ部署であり，すでに時代遅れになっていた灯台の照明の取り換えを急務としていた。彼は自分の能力を活かし，灯台の消費燃料の節約と，灯台の明るさの効率改善を図った。

　1840 年，彼はオイルランプの新型煙突を発明した。この煙突により，オイルが燃焼するときに発生するガスを従来のものより効率よく排出することができ，ランプのガラスの曇りが少なくなり，明るさが向上した。

　このファラデーのオイルランプの新型煙突はイギリスの灯台に設置されたのみならず，図書館やバッキンガム宮殿にも設置された。イギリスの有力新聞

第Ⅱ章　マイケル・ファラデー

図 2-18　ファラデー（1842 年頃の肖像画）

図 2-19　ファラデーの彫像
（ファラデー博物館にて 2017 年 9 月松田氏撮影）

であるタイムズは王女ヘレナの洗礼式をこのオイルランプが照明したと報じた。ファラデーは特許には興味を示さなかったので，1842 年，彼の兄にこの新型煙突の特許を譲渡した。

　1854 年，ファラデーはトリニティ・ハウスからワトソン（William Watson）によって 1852 年に発明された電気式照明システムのテストを依頼された。この電気式照明システムはバッテリから電圧を供給されたカーボン電極間に発生するアーク放電によるものであった。

　ファラデーはテストの結果を 4200 語のレポートにまとめて次のように指摘した。

① バッテリによって生成される化学物質を収集する問題を解決しなければならない。
② バッテリ用の広い部屋が必要である。
③ バッテリのメンテナンスを住み込みで行う 3 人の部屋が必要である。
④ アーク放電の明るさは時間的に変動する。
⑤ 現段階ではこの電気式照明を維持し保守するだけの高度な知識をもった人を確保することが難しい。

　彼はこの電気式照明を灯台に適用することを勧めることはできないと結論づ

図2-20　ウィリアム・ワトソン（1715-1787）（1784年頃の版画）

けたのである。

　1857年，ホームズ（Frederick Holmes）が他の方式のアーク放電による電気式照明を提案した。ワトソンの方式ではバッテリを使うがホームズの方式ではバッテリではなく，ファラデーの発見した電磁誘導に基づいた蒸気エンジンで駆動する発電機を用いた。ファラデーの積極的な推薦によりトリニティ・ハウスは試験運転を行う予算を承認した。同年12月8日，ファラデー立会の下に，この電気式照明が初めてイギリス海峡を照らした。しかし，その後，技術的に問題があることがわかり，ホームズのアーク放電による電気式照明も放棄された。1920年，スワン（Joseph Swan）によって白熱電球を用いた灯台の照明が発明されるまで，前述のオイルランプが使用された。

他の社会的貢献

　1829年から1851年までファラデーはウーリッチにある英国士官学校の化学教授を勤めた。

　1840年，ファラデーはサンデマン教会の長老に選出された。長老の仕事は説教，幼児の洗礼，愛餐（教徒の会食）の司会を務めることであった。1860年，彼は再び長老に選出され，1864年まで，役目を果たした。彼は決して雄弁ではなかったが，長老就任が長期間に渡ったのは彼の人柄によるものであった。長老に選出される以前（1832年頃），彼は孤児院を支援する仕事もしていた。ファラ

デーにとって，教会，家族，仕事は密接に関連しており，彼の生活と仕事（科学）は彼の宗教的信仰と実践によってのみ理解されるものであった。

　1844年9月28日，ハズウェル炭坑で爆発事故が起こり10代の少年3人を含めて95人の死者が出た。彼は地質学者のライエル（Charles Lyell）とともに，爆発事故の審理に加わるようにピール（Robert Peel）首相から依頼された。彼らは10月8日，ハズウェルに向かい調査を行った結果，メタンガス等の有毒ガスが坑内に充満しないように，坑内の換気をもっと良くしなければならないというレポートを提出した。10月12日，ファラデーとライエルはハズウェルからロンドンに戻る前に，爆発事故で未亡人になった人たちや父を亡くした子供たちを支援するための寄付基金を作るのに貢献した。

　1853年から1856年にわたるイギリス・フランス両国とロシアの戦い（クリミア戦争）において，ロシア帝国がトルコ帝国の衰退に乗じてヨーロッパ西部に影響を拡大するのを阻止するために，イギリスとフランスが同盟を結びバルト海のクロンスタットとクリミア半島のセバストポルの2つの海軍基地を攻撃し，ロシアの貿易に打撃を与えようとした。ファラデーは海軍本部からしばしば極秘に技術的なアドバイスを求められた。

　1854年，海軍大将のコクレイン（Thomas Cochrane）はクロンスタットを攻撃するとき，イオウガスを用いた化学兵器を使用することを提案した。この提案についてのコメントを求められたファラデーは，毒ガスを化学的に分析し，毒ガスを使用した場合，どのような事態になるかという知識が必要であることを強調した。そのうえで，化学兵器を使用すべきでないという報告書を出した。コクレインの提案を酷評したファラデーの報告書に基づき，海軍本部委員長（海軍大臣に相当）のグラハム（James Graham）はコクレインの提案を却下した。

　このように，ファラデーは常に社会や市民に及ぼす実際的な影響を考え，慎重を極めた忠告をしたのである。

11　晩　　年

　前述のように1839年11月以来，ファラデーは体調不良に悩まされた。夫人も体調を崩し，歩くことに困難を感じることがあった。

図 2-21　1860年代のファラデーの写真　　　図 2-22　晩年のファラデーの写真

　夫妻が王立研究所の屋根裏部屋に37年間暮らし，健康が優れなくなった今日，彼らがその部屋へ行くための急な階段の昇降で苦労しているという話を，前述のアルバート公から聞いたヴィクトリア女王は，1858年，アルバート公の勧めによって，ロンドン近郊のテムズ川上流に面したハンプトン・コートのグレイス・アンド・フェイバー邸を終生，使用するように夫妻に申し出た。彼らはそれ以降，生涯，その優雅な館で暮らすことになった。

　ファラデーは名誉には関心をもたなかった。それゆえ，英国王立協会会長を2度辞退した。王立研究所所長も断った。子供のいなかった彼は唯一人残される妻の老後のことを最期まで心配していた。1867年8月25日，ハンプトン・コートでひじかけ椅子に座ったまま静かに逝去した。76歳であった。ハイゲート墓地に埋葬された。

　鍛冶屋職人の子息として生まれ，わずか13歳で正規の教育を受けることを断念し製本屋の配達人として人生をスタートしたファラデーは，科学に携わることに憧れを抱き努力して独学し王立研究所に就職するチャンスを掴んだ。彼は電磁誘導に代表される数多くの人類史上画期的な発見をすることにより，科学界のプリンスとまでいわれる名誉を与えられた。彼は生来，人に優しく，多くの人々から慕われた。彼への人々の敬愛の念の大きさは，彼が受けた名誉以上のものであった。「科学に携わることで人間が気高くなれる」と信じていた彼は，成し遂げた偉業によってその後の人類社会の発展に大きく貢献した。彼

の恩師であるデイヴィーの最大の発見はファラデーを見出したことであるといっても過言ではない。

　彼が逝去して6年後，約50,000マイルの電信用ケーブルを史上初めて海底に敷くための船舶が夫人の許可を得た上で，「ファラデー号」と命名された。このことは，コンデンサの容量の単位をファラッド（F）と呼ぶことと同様に，電気産業界が19世紀の最も賞賛される自然科学者である彼に最高の敬意を払ったことを示している。

参考文献

小山慶太（1999）．『ファラデー――実験科学の時代』講談社.

塩山忠義（2002）．『センサの原理と応用』森北出版.

島尾永康（2000）『ファラデー――王立研究所と孤独な科学者』岩波書店.

スーチン，H.／小出昭一郎・田村保子［訳］（1976）．『ファラデーの生涯』東京図書.

竹内敬人（2010）．「ファラデー――人と生涯」ファラデー，M.／竹内敬人［訳］『ロウソクの科学』岩波書店，203–236頁.

ファラデー，M.／竹内敬人［訳］（2010）．『ロウソクの科学』岩波書店.

ボウアーズ，B.／田村保子［訳］（1978）．『ファラデーと電磁気』東京図書.

メンデルスゾーン，K.／大島恵一［訳］（1971）．『絶対零度への挑戦――低温の世界を求めた科学のドラマ』講談社.

湯川秀樹・田村松平（1955–1962）．『物理学通論』上・中・下，大明堂.

Davy, H. (1816). On the fire-damp of coal mines, and on methods of lighting the mines so as to prevent its explosion, *Phil. Trans. 106*: 1–22.

Faraday, M. (1832). Experimental researches in electricity, *Phil. Trans. 122*: 125–162

James, F. A. J. L. (Ed.) (1991). *The correspondense of Michael Faraday*. Vol.1. 1811–1831. London: the Institution of Electrical Engineers.

James, F. A. J. L. (2010). *Michael Faraday. A very short introduction*. Oxford: Oxford University Press.

Tyndall, J. (2002). *Faraday as a discoverer*. McLean, VA: IndyPublish.com（Original work published 1868, New York: D. Appleton）.

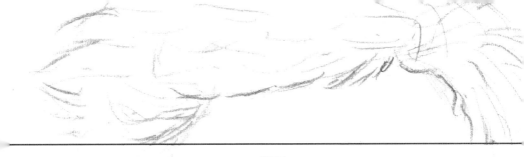

第Ⅲ章
アルバート・アインシュタイン
(Albert Einstein)

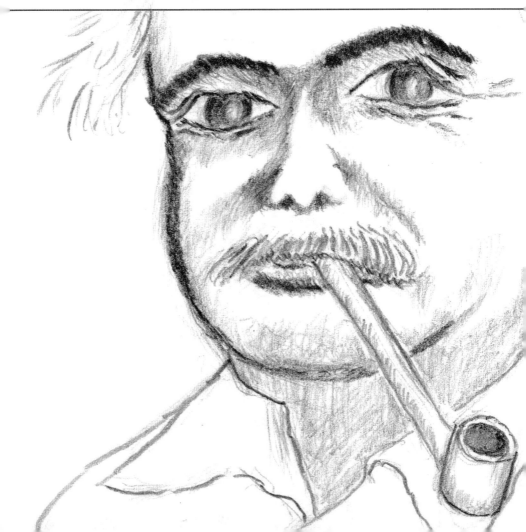

1 おいたち

アルバート・アインシュタイン，彼は，相対性理論という新しい物理学理論を定式化して，それまでの理論における時間と空間の概念を一新し，物理学に革命をもたらした。彼の確立した相対性理論は，量子力学とともに現代物理学の双璧としての立場をもつに至った。相対性理論は，宇宙論を展開するときの有力な指針を与える役割を果たすことになった。20世紀初頭の物理学の変革に寄与した科学者たちのうちで彼以上のことを成し遂げた人は一人もいなかった。

アインシュタインは1879年3月14日，南ドイツのウルムで誕生した[1]。両親はユダヤ人であったが，熱心なユダヤ教徒ではなく，ユダヤ教の儀式を行ったことはなかった。父ヘルマン（Hermann Einstein）は冷静沈着で，親切で，すべての知り合いに好かれていた。文学好きでシラーやハイネを家族に読んで聞かせた。彼は小さな電気工事の事業をしていたが，経営がうまくいかず，アインシュタインが1歳のとき，一家はミュンヘンに引っ越した。1881年11月18日，妹マリア（Maria，常はマヤ（Maja）と呼ばれていた）が誕生した。彼にとって妹ほど親しみを感じる人はいなかった。

ミュンヘンで父は伯父ヤコブ（Yakob）と共にガス・水道の設備事業を始め，1885年，アークランプや電気計測器を作る事業を始めた。資金は母方の祖父から出資された。アインシュタインと妹はミュンヘンでの大木の繁る大きな庭のある家の生活が気に入っていた。

アインシュタインの頭は子供としては異常に大きかった。彼は一人でいることを好んだ。子供が好むゲームやおもちゃにはまったく興味を示さなかった。言葉を話すことができるようになるまでに非常に長い時間を要した。そのため母は彼に何か良くないところがあるのではないかと心配した。しかし，すぐにその原因がわかり，何も心配いらないことがわかった。彼の思考が内面的にあまりにも深く，口から言葉を発する前に，頭の中で十分に考えていたからであ

---

1) アインシュタインの生涯についてはレイン（1991），Pais（1982），Isaacson（2017）を参考に記述した。また相対性理論についての記述など必要に応じてホーキング（2001），湯川・田村（1955-1962），湯川（2011），メラー（1959）などを参照した。

第Ⅲ章　アルバート・アインシュタイン　　85

図3-1　アインシュタインと妹マリア（1885年頃の写真）　　図3-2　現在のウルム（ウルム大聖堂周辺）

った。したがって，彼は無口で，もの静かな子供であった。4歳か5歳のあるとき，病気でベッドに寝ている彼を楽しませるために父が小さなコンパスを与えた。それは彼を身震いさせるほどに強い感銘を与えた。「この磁針の背後には深く隠れた何かがあるにちがいない，と思った」，幼い頃の経験を彼は後に語っている（Pais, 1982: 37）。

　有能なピアニストであった母パウリーネ（Pauline）は子供たちに音楽教育を導入することを決めた。アインシュタインは6歳のときからヴァイオリンを習い，妹はピアノを習った。彼は練習の繰り返しを嫌って，初めはヴァイオリンに興味を示さなかったが，モーツァルトのソナタを聴いた後に音楽は彼にとって大切なものとなり，成人した後には，彼のヴァイオリンの演奏の腕前はかなりのものにまでなった。彼にとって音楽は単なる趣味ではなく，彼の思考の助けとなるものとなった。すなわち，研究の困難に直面したとき，ヴァイオリンを奏でるうちに困難が解決することがあった（Isaacson, 2017: 14）。

　同じく6歳のとき，アインシュタインは公立学校に入学した。母が祖母に「アルバートはまた一番の成績だった」と喜んで伝える程，優秀であった。彼は忍耐強い生徒で自信をもって数学を解いた。彼の好む遊びは忍耐と粘り強さを必要とするものだったのでクラスメートと一緒に遊ぶことは無く，おとなしい子供だった。

　7歳のとき，伯父ヤコブは彼に代数学を教え始めた。彼が解くには難しいか

図3-3　14歳頃のアインシュタイン（1893年頃の写真）

もしれないという不安を抱きながら，ヤコブは難しい問題を与え続けたが，アインシュタインは常に正解し喜びにひたっていた（Isaacson, 2017: 17）。1888年10月，ルイポルト・ギムナジウムに進学した。彼は常に最上位の成績を収め，特に数学とラテン語に秀でていた。しかし，その学校は彼が満足するような学校ではなかった。なぜなら，教師は権威主義的で，生徒は屈従的であり，機械的暗記の学習法がなされていたからである。

貧しかった医学生タルムート（Max Talmud）は毎週木曜の夕食をアインシュタイン家で共にしていた。食後，彼はアインシュタインと科学や哲学について議論したり，科学の本を与えたりして，彼に重要な教育上の影響を及ぼした。

1894年，父が事業に失敗したため，事業仲間のイタリア人ガローネ（Signor Garrone）の勧めでイタリアに工場を移転することにした。一家はミラノに引っ越したが彼は学校を終了するためにミュンヘンに留まった。1895年，パヴィーアに工場が出来上がったため，一家はさらにパヴィーアに引っ越した。

ミュンヘンに留まったアインシュタインは憂鬱になり，家族が恋しくなり，学校を嫌うようになった。両親に相談なく，家族のいるイタリアへ行く決意をした。体調不良の診断書を医者に作ってもらい，ギムナジウムを休学し，1895年春，パヴィーアの家族の元に移り住んだ。彼の突然の到着に驚いた両親に「今後，独学し，チューリッヒ工科大学の入学試験を受ける」ことを告げた（Pais, 1982: 40）。彼は学校の権威主義的な教育方針を嫌い中途退学し，さら

第Ⅲ章　アルバート・アインシュタイン　*87*

に，ドイツ国籍をいつかは捨てる決心もした。イタリアの美しい風景と芸術品は，新しく自由な生活を始めた彼に深い感銘を与えた（Pais, 1982: 40）。それまでもの静かであった彼は陽気で話好きな青年に変わっていった。

2　チューリッヒ工科大学

　アインシュタインは 16 歳の年の 10 月，電気工学の勉強をしようと，チューリッヒ工科大学の入学試験を受けたが失敗した。彼はこのとき，以前に決心したとおりドイツ国籍を捨てた。その後，何年もの間，国籍をもとうとしなかった。

　彼はチューリッヒ工科大学の入学試験を再び受ける準備のため，スイスのドイツ語圏にあるアーラウの州立高等学校に通った。そしてその学校の教師ウィンテラー（Jost Winteler）の家に下宿した。家族は良い人たちであった。学校には自由な雰囲気があり，彼は教師たちを尊敬することができ，学校生活を楽しんだ。入学試験の失敗の傷跡は彼の心から無くなった。「入学試験に合格すればチューリッヒに行こう。そこで 4 年間，数学と物理学の勉強をしたい。そして将来，自然科学とくに理論的な分野の教師になりたい」，なぜならば「自分は実用分野での才能に欠けており，抽象的で数学的な思考が自分の気質に合っていると思うからである」と彼は手記に書いている（Pais, 1982: 40）。

　1896 年，父と伯父が所有するパヴィーアの工場が経営不振となり，解散させることになった。伯父は大会社での仕事をみつけることができたが，父はもう一度，新工場を始めようとした。アインシュタインは父に新しい事業をしないよう警告し，伯父を訪問して，父にこれ以上，経済的な支援をすることを止めてくれるよう願った。妹には手紙で「貧しい両親の度重なる不幸は私に重くのしかかる。成人になった自分が家族の重荷であり，両親に対して何も手助けしてやれないことが苦痛である」と書いた（Pais, 1982: 41）。その 2 年後，父は新事業を諦め，電気関係の会社で仕事をみつけた。これで，アインシュタインの憂鬱は収まった。

　1896 年 10 月 29 日，17 歳のとき，アインシュタインはチューリッヒ工科大学に合格した。無事，4 年間のカリキュラムを修了することができれば，数

図 3-4　チューリッヒ工科大学（出典：https://www.reisen-experten.de/reise-news/zuerich-soll-als-smart-destination-positioniert-werden/）

学と物理学の高等学校の教員資格を得ることができた。しかし，彼は大学の講義には出席せず，下宿でキルヒホッフ（Gustav Kirchhoff），ヘルツ（Heirich Rudolph Hertz），ヘルムホルツ（Hermann Ludwig Ferdinand von Helmholtz）の研究やマクスウェルの電磁気学等を独習した。彼はミンコウスキー（Hermann Minkowski）を優れた数学の教師とみなしていたが彼の授業には出席しなかった。

　アインシュタインは大学の授業のみに頼らず，大きな視野をもって壮大に勉学する学問の領域を広げていった。ローレンツ（Hendrik Antoon Lorentz）やボルツマン（Ludwig Eduard Boltzmann）の論文も読んだ。チューリッヒで多くの友人と知り合い，楽しい学生生活を送った。4 年後の 1900 年 21 歳で，卒業資格を取得するための試験に合格した。その試験での満点は 6.0 で，彼の成績は理論物理学が 5.0，実験物理学が 5.0，天文学が 5.0，関数論が 5.5，熱伝導についての小論文が 4.5 であった（Pais, 1982: 44–45）。これで予定どおり，数学と物理学の教員資格を得た。彼は講義に出席していなかったので，友人のグロスマン（Marcel Grossmann）にノートブックを借りて試験に備えたのであった。この年に，プランク（Max Karl Ernst Ludwig Planck）が「エネルギ量子」説（補遺 3-1 に詳述☞ 93 頁）を提唱した。

3 特許局

　アインシュタインは大学を優秀な成績で卒業したので，当然，大学でのポストに就くことができると思っていた。少年時代にルイポルト・ギムナジウムの教育方針を嫌って中途退学した彼の性格は青年時代にも続いていた。当時は教授に対して「ヘル・プロフェッサー（Herr Professor）」という敬称をつけるのが普通であったが，彼は在学中，教授に対してこの敬称をつけて呼んだことは一度もなかった。それゆえ，高慢な態度をとる青年だと思われており，「エーテルに対する地球の動き」に関するアインシュタインの実験計画を彼の教授であったウェーバー（Heinrich Friedrich Weber）は許さなかった。ある時，ウェーバーはアインシュタインに「君は非常にスマートなボーイである。しかし，人の話を聞き入れないという大きな欠点を有する」と話した（Pais, 1982: 44）。スマートという言葉には「利口」という意味の他に「ずる賢い」という意味も含まれていた。このようなことがあってから，アインシュタインの実験に対する熱意と魅力は徐々に薄れていった。一人の助手のポストが空席になっていたにもかかわらず，教授は彼のためにそのポストを提供しようとはしなかった。彼はライデン大学のオンネスやライプチッヒ大学のオストワルド（Friedrich Wilhelm Ostwald）に求職の手紙を出したが，どこにも就職が決まらなかった。アインシュタインと同じクラスで卒業した彼以外の3人はすべて，チューリッヒ工科大学の助手のポストに就くことが決まっていた。

　1901 年，彼はスイス国籍を取得し，5 月 19 日，ウィンタサーにある工業高校の2カ月間の臨時雇いの数学教師の仕事を得た。このとき，彼は大学のポストに就けなくても，科学の研究に対する情熱と努力を維持できることに気づき，大学のポストを求めることを諦めた。友人グロスマンへの手紙に「気体運動論の研究をしていて，また，エーテルに対する物体の相対運動について考察中である」と書いた（Pais, 1982: 46）。9 月 15 日，シャフハウゼンにある私立学校での臨時教師の仕事を得た。

　その年の 11 月に博士の学位を取得するため，チューリッヒ大学に気体運動論についての論文を提出した。その当時，彼の母校チューリッヒ工科大学では博士の学位を授与することはなされていなかったからである。しかし博士論文

図 3-5　ハビッヒト，ソロビン，アインシュタイン（1903 年頃の写真）

として受け入れられなかった。これが彼の最後の挫折であった。

　グロスマンがアインシュタインの就職の困難な状況を家族に話していたのがきっかけで，グロスマンの父はベルンの特許局局長ハラー（Friedrich Haller）にアインシュタインを推薦した。1901 年 12 月 11 日，特許局の 1 つのポストの空きが公示された。直ちに，ハラーはアインシュタインと面接をし，そのポストを彼のために保証することを伝えた。

　1902 年 2 月，それまで勤めていたシャフハウゼンの私立学校を辞職して，ベルンに移り住んだ。生活費は家族からの少しの仕送りと家庭教師の収入によっていた。家庭教師の教え子であるソロビン（Maurice Solovine）とハビッヒト（Konrad Habicht）とは親しい友人となり，定期的に会って質素であるが一緒に食事もしながら哲学，物理学，文学について幅広く議論をした。その会合を彼らはアカデミー・オリンピア（Akademie Olympia）と称した。

　1902 年 6 月 16 日，彼は特許局に勤務することになった。当初は第 3 種の技術吏員として臨時的に雇われ，1904 年 9 月 16 日，正職員として雇われた。1906 年 4 月 1 日，彼は第 2 種の技術吏員になった。そこでの仕事は特許を申請するアイデアが本当に科学的な原理にかなったものであるかどうかを審査することであった。

　特許局では，昼の休憩中も，時間を無駄にしないため，人との接触をなるべく避け，寸暇を惜しんで自分の研究の思索に耽った。そのため，あまりぱっと

図3-6　1904年頃のアインシュタイン　　図3-7　マルセル・グロスマン（1878-1936）

しない，役所勤めをしている男と思われていた。彼が後に偉大な発見をするとは誰も思わなかった（レイン，1991：23）。

　特許局の勤務時間後，自宅で，自分の理論研究をこつこつと行った。大学のようなアカデミックな空間は，特許局のどこにも無かったので，自宅に戻ってから研究することが，彼に生き甲斐を与えた。少しずつ，研究成果を積み重ねていく過程は，彼に充実感を与えた。1901年には博士の学位を取得できなかった彼はさらに研究を重ね，学位論文「分子の大きさを求める新手法（Eine neue Bestimmung der Molekuldimensionen）」を1905年にチューリッヒ大学に提出し，博士の学位を取得した。彼はその学位論文をグロスマンに献呈した。グロスマンもチューリッヒ大学で博士の学位を取得した。

　一方，アインシュタインの私生活は以下のとおりであった。彼はベルンに移り住む前に，大学時代に科学についてよく議論した級友ミレーバ（Mileva Marity）と結婚したいと思っていた。ギリシャ正教徒の彼女は南ハンガリーのチテルで1875年に誕生した。アインシュタインの母は彼女を好きになれなかった。そのため，両親は強く彼の結婚に反対した。最終的に，父が健康を損ねて重態となり彼が見舞いにミラノへ行った時，父は結婚を認めた。父は1902年10月10日に逝去した。彼は1903年1月6日，結婚した。1904年5月14日，長男ハンス（Hans Albert）が誕生した。

4 3つの論文発表

特許局に勤めながら自宅での時間を利用して成し遂げた研究成果を，1905年に彼は3つの論文としてドイツの学術論文誌『アナーレン・デア・フィジーク（*Annalen der Physik*)』に発表した。第1の論文は光電効果についての「光の放射と変換に関する，ひとつの発見法的観点について（Über einen die Erzeugung und Verwandlung des Lichtes betreffenden heuristischen Gesichtspunkt)」であり，第2の論文は特殊相対性理論についての論文「運動物体の電気力学（Zur Elektrodynamik bewegter Körper)」，第3の論文はブラウン運動についての論文「熱の分子運動論から要請される，静止液体中に浮かぶ小さな粒子の運動について（Über die von der molekularkinetischen Theorie der Wärme geforderte Bewegung von in ruhenden Flüssigkeiten suspendierten Teilchen)」であった。それらはすべて，それまでの物理学を一新する画期的なものであった[2]。

第1の論文はプランクによって提唱された「エネルギ量子」説（補遺3-1,補遺3-2に詳述）を確証するものであった。「エネルギ量子」説は「熱輻射のように物体から輻射される電磁エネルギは，エネルギ量子の整数倍であり離散的である」と主張するものであり，この説は古典物理学とは相容れないものであった。古典物理学におけるマクスウェルの電磁気学や熱力学に従えば，電磁エネルギは波から成り立っており，連続的な量であり離散的ではなかったからである。

しかし，アインシュタインはプランクの「エネルギ量子」説を果敢に取り入れて，エネルギ量子をもつ光を「光量子（フォトン）」と呼び，光を物質に放射するときに電子が放出される光電効果という現象を理論的に解明することに成功した。これにより，プランクの「エネルギ量子」説が仮説ではなく真理として認められたのである。原子のようなミクロの世界で限界が指摘されていたニュートン力学に代わって，20世紀初頭に「エネルギ量子」説に基づく量子力学が開拓されることになった。第1の論文「光電効果」の功績によって，ア

---

2) アインシュタインの原著論文はウェブ上で無料公開もされており，アクセスも容易である。邦訳も多数出ているが，1905年に出されたこの3つの論文に加えて，学位論文等も収録しているものとして『アインシュタイン論文選―「奇跡の年」の5論文』（アインシュタイン, 2011）がある。

補遺 3-1　エネルギ量子

プランクが 19 世紀までの古典物理学では説明できなかった熱輻射の現象を理論的に解明するプランクの公式（補遺 3-2 に詳述）を 1900 年に導出したとき，エネルギは連続的な値をとることができなくて，ある不可分の単位となる量（「エネルギ量子」という）の整数倍の値しかとれないという仮説を立てた．「エネルギ量子」は振動数 ν と関係づけられ，$h\nu$ で与えられる．ただし，h はプランク定数である．n を非負の整数とすると，エネルギは「エネルギ量子」の n 倍で与えられる．「エネルギ量子」説が 20 世紀初頭に新しい量子力学を導いたことはすでに述べたとおりである（補遺 1-3 参照☞ 34 頁）．

図　マックス・カール・エルンスト・ルートヴィヒ・プランク (1858–1947)（1890 年頃の写真）

インシュタインは 1922 年にノーベル物理学賞を受賞する（本章 11 節参照☞ 116 頁）．光電効果は光電管や光電子増倍管などの光センサにも応用されている（塩山, 2002）．

アインシュタインの第 2 の論文は特殊相対性理論に関するものであった．この論文が物理学に革命をもたらした．この新しい理論については本章 6 節で詳しく述べる．

アインシュタインの第 3 の論文は統計力学に基づいて原子の実在を明確にするものであった．すなわち，マクスウェルやボルツマンは，気体が多数の原子または分子から構成される集団であるとして，統計的計算処理から気体の圧力や熱エネルギなどの物理的状態を導出する「気体運動論」を確立した．ボルツマンはさらにこの理論を拡大展開する「統計力学」を定式化した．しかし，「原子は実在するのか？」という疑問が残されていた．ただし，原子の実在を推測させる現象が 1 つだけあった．それは，スコットランドの生物学者ブラウン（Robert Brown）が顕微鏡で花粉の微粒子を観察したときに発見した現象であった．その現象は水面の花粉の微粒子が行う不規則な運動（ブラウン運動）で，1828 年に発表された．

アインシュタインは，第 3 の論文で「ブラウン運動は花粉の微粒子に液体の

補遺 3-2　プランクの公式

熱輻射は電磁振動の振動子（正弦振動を行う力学系を振動子（oscillator）と呼ぶ）から成るとプランクは考えた（朝永, 1952）。電磁振動の振動子の振動数を v で表すと，v の振動数をもつ振動子が単位体積当たり存在する数を $Z(v)$ とするとき，それは $(8\pi/c^3)v^2$ で与えられることを，振動子の定在波の波長に対する制約を考察することによってプランクは導出した。1つの振動子のエネルギ E が「エネルギ量子」ε の非負の整数倍である離散的な値しかとり得ないとプランクは考えた。このとき，E の平均値 $\langle E \rangle$ は指数関数 $\exp(\cdot)$ を用いて $\varepsilon/[\exp\{\varepsilon/k_B T\}-1]$ で表される。T は熱輻射物体の温度（絶対温度）で，k_B はボルツマン定数で，気体定数 R をアボガドロ数で割った値である。

「エネルギ量子」ε が hv で表されることから，振動子の数 $Z(v)$ とエネルギの平均値 $\langle E \rangle$ の積で表される熱輻射の強度 $U(v)$ はプランクの公式により $(8\pi h/c^3)v^3/[\exp\{hv/k_B T\}-1]$ で与えられた。

この $U(v)$ の分子は振動数の三乗に比例し $U(v)$ は始め振動数と共に増大するが，分母は振動数の増大に伴って指数関数的に増大し，その増大率がやがて分子の増大率に勝り，ある振動数で $U(v)$ は減少に転ずる。したがって，$U(v)$ の値はある振動数において極大値をとる。熱輻射物体の温度 T が高いとき，振動数の増加に伴う分母の指数関数の増大率は T が低いときに比べて弱くなり，$U(v)$ が極大値をとる振動数は高い方にシフトするため，ウイーンの法則に従う。この公式は図で示される熱輻射の強度と振動数の関係の実験値とよく一致した。プランクがこの公式の導出に成功したのはエネルギがエネルギ量子の整数倍の値しか取り得ないという「エネルギ量子」説を導入したことによる。

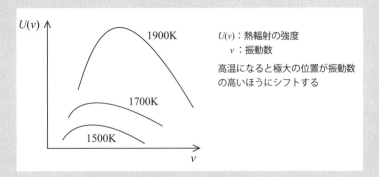

図　熱輻射の強度と振動数の関係

原子または分子があらゆる方向から衝突することによって引き起こされる」と考えて花粉の微粒子の運動軌跡を統計力学に基づいて理論的に導き，この理論的結果がブラウン運動の観測結果と一致することを示した。これにより原子が実在することが明確にされた。

5　特殊相対性理論までの歴史的背景

アインシュタインは特殊相対性理論を築くに当たり，物理学の歴史的背景を詳しく調べた。そしてこれまで問題とされたこと，残された矛盾を整理した。

マクスウェルをはじめ19世紀の人々は，唯一の慣性系すなわち世界エーテルというものに対して静止している慣性系のみにおいて電磁気学の基本方程式が成り立つと考えていた（メラー, 1959; 湯川・田村, 1955–1962）。慣性系というのは，ニュートンの運動の第一法則である「慣性の法則」が成り立つ図3-8のような等速度直線運動するゆがみの無い直交座標系のことである。エーテルは，あらゆる物質や真空中を透徹し，すべての光学現象や電磁現象の担い手である媒質と考えられていた（ホーキング, 2001; Pais, 1982）。

このエーテルが実在するかどうかという疑問が残っていた。その疑問に対する解答を得るために，エーテルに対して動いている慣性系における光学現象の起こり方について調べる実験が以下に述べる科学者たちによって行われた。すなわち，エーテルに対して静止している慣性系 I と動いている慣性系 I' の2つの慣性系の間の座標変換であるガリレイ変換を用いて，期待される結果を検証

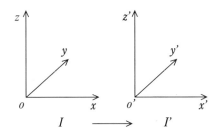

図3-8　慣性系 I に対して x 方向に等速度で運動する慣性系 I'

図3-9 アルマン・イッポリート・ルイ・フィゾー（1819-1896）

図3-10 ジャン・ベルナール・レオン・フーコー（1819-1868）

する実験が行われた。慣性系 I' が慣性系 I に対して x 方向に v の速度で動いているとき，慣性系 I と慣性系 I' の座標間のガリレイ変換に従えば，慣性系 I' での x 方向の速度は慣性系 I での x 方向の速度より v だけ遅くなる。したがって，光の速度も異なる慣性系で異なることになる。

1859年，フィゾー（Armand Hippolyte Louis Fizeau）の実験，1865年，フーコー（Jean Bernard Léon Foucault）の実験が行われた。しかし，光の速度を c とするとき，v/c の 2 次の項まで計測できる方法は 1881 年，マイケルソン（Albert Abraham Michelson）によって初めて試みられた。その 6 年後の 1887 年，さらに改良された方法がマイケルソンとモーリー（Edward Williams Morley）によって実施された（補遺 3-3 に詳述）。彼らの改良は次のとおりであった（Michelson & Morley, 1887）。1 つ目の改良では，装置全体をひずみなく回転させ，装置が振動に影響されないように，水銀層に浮く巨大な石（1.5m 四方で 0.3m の厚み）の上に装置を載せた。2 つ目の改良では，慣性系がエーテルに対して動いているとき予測される干渉縞の移動が非常に小さいため，干渉縞の移動量は光路長に比例する（補遺 3-3 に詳述）ので，光の反射を繰り返すように多数の全反射ミラーを設置して光路長を 10 倍にした。さらに，空気の流れと温度変化を避けるため装置の光学系全体を木材カバーで覆った。このように，工夫をこらした大がかりな改良により，最も精度の高い実験装置を作製した。

マイケルソン・モーリーの実験で観測された干渉縞の移動量は予測値より，

補遺 3-3 マイケルソン・モーリーの実験

　図に示すように光源 S から発せられた光線の通る光線路に 45 度の角度でハーフミラー HM を置いた（湯川・田村, 1955–1962）。このハーフミラーで進行方向が互いに 90 度の角度をもつ 2 つの方向に，光線が別れて進むようにした。両光線とも，それぞれ全反射ミラー M1, M2 で反射され，もとのハーフミラーに戻り，そこで同じ方向に進んで検知器 D に入力するようにした。このとき，全反射ミラーは光線に対して厳密には垂直でないため，検知器の 2 次元空間位置において 2 つの光線の位相差に応じた干渉縞が観測される。もし，ハーフミラーで 2 つの方向に別れたうちの 1 つの光線に平行に観測系が v の速度で動いているなら，2 つの光線の光線路を進行するのに要した時間に差 Δt が生じ，その差に応じた干渉縞の移動が観測されるはずである。ここに，ハーフミラーから 2 つの全反射ミラーまでの光線路は等しく d とする。c は光の速度で，β は v/c で定義する。そのとき，この時間差 Δt は $d\beta^2/c$ で与えられる。光の波の周期を T とするとき，干渉縞の移動量と，隣り合う縞の間隔の比は $\Delta t/T$ で与えられる。光の振動数を ν とすると，振動数は 1 秒間の波の数だから ν は $1/T$ で与えられる。光の波長を λ とするとき，光の速度 c は 1 秒間に波の進む距離であるので，$\lambda \nu$ で与えられるため，干渉縞の移動量と，隣り合う縞の間隔の比は $d\beta^2/\lambda$ で与えられる。マイケルソン・モーリーの実験では，速度を v とするとき，v を地球の運動速度である 3×10^4m/s とし，d を 11m，λ を 5.89×10^{-7}m とした。このとき，干渉縞の移動量と，隣り合う縞の間隔の比は 0.185 と予測された。たとえ干渉縞の移動量と，隣り合う縞の間隔の比がこの予測値の 100 分の 1 であってもマイケルソン・モーリーの実験の精度からこれを検知できる筈であった（メラー, 1959）。しかし，観測された干渉縞の移動量は予測値よりはるかに微小であった。図では全反射ミラー M1, M2 が示されているが，本章 5 節で述べているように，マイケルソン・モーリーの実験では光路長を長くするため，光の反射を繰り返すように多数の全反射ミラーが設置された。

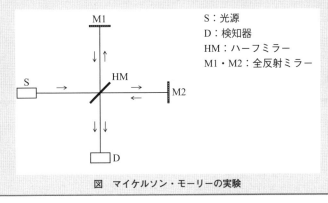

図　マイケルソン・モーリーの実験

図3-11　アルバート・エイブラハム・マイケルソン（1852-1931）

図3-12　エドワード・ウィリアムズ・モーリー（1838-1923）

はるかに微小であった（補遺3-3に詳述）。この干渉縞の予測される移動量は，「エーテルに対して静止している慣性系とエーテルに対して動く慣性系とでは光の速度が異なる」と仮定するときに生じるものである。論理的に「AならばBである」が真であるなら，その対偶である「BでないならばAではない」も真である。この場合，Aは「異なる慣性系で光の速度が異なる」であり，Bは「干渉縞の移動が生じる」である。この対偶が真であるため，「干渉縞の移動が無いならば，光の速度は異なる慣性系において同じになる」。このマイケルソン・モーリーの実験結果により，エーテルの存在とガリレイ変換の妥当性が否定された。また，任意の慣性系において，光の速度は同じであることが，実験によって検証された。すべての慣性系において，光の速度は同じであるべきだとする「相対性原理」を実験事実は支持したのである。

6　特殊相対性理論

　上記の歴史的背景のもとで特殊相対性理論が定式化されるまでの経緯については補遺3-4に詳述する。「相対性原理」とは，すべての物理学の法則が任意の慣性系で成り立つことである。アインシュタインはこの「相対性原理」を是認する新しい理論を最初に定式化し，それから多くの結論を導き出し，1905年，基礎的な論文として特殊相対性理論を発表した（本章4節参照）。彼は，「互いに相

第Ⅲ章 アルバート・アインシュタイン　99

> ### 補遺 3-4　特殊相対性理論の定式化までの経緯
>
> 　「相対性原理」とは，すべての物理学の法則が任意の慣性系で成り立つことである。電磁気学の基本法則については，ガリレイ変換の下で「相対性原理」が成り立つとは考えられていなかった。その理由は次のとおりである。マクスウェルの方程式は，普遍定数 c（電磁波の速度，光も電磁波）を含んでいる。そのため，「相対性原理」によって，もし，マクスウェルの方程式が任意の慣性系で成り立つならば，任意の慣性系で，光の速度は光源の運動に無関係に，常に同一の値 c でなければならないことになる。このことは，普通の運動学的な考えと矛盾する。なぜならば，普通の運動学的な観念からいえば，たとえば，もし，慣性系 I に対して運動する他の慣性系 I' の速度の方向が，光の進行方向と同じならば，I' における光の速度は I における光の速度より遅い筈だからである。
>
> 　したがって，「相対性原理」を是認することにすれば，必然的に，相対的に運動する 2 つの慣性系の「時間や空間」の間の変換に対する今までの考え方を改めなければならないことになる。このような革新を行う前に，この革新が本当に必要であるという確信を得なければならない。この確信は実験の結果によってのみ得られるものであり，この目的に対して，最も適しているのは光学の実験であった。マイケルソン・モーリーの実験結果は「相対性原理」の是認を確かなものにした。
>
> 　「相対性原理」を是認すれば，エーテルという絶対静止系は物理学的意味を失ってしまう。なぜなら「相対性原理」を認めるときは，あらゆる慣性系がまったく同等なものとなることが要求されるからである。このことは，我々の自然記述の根底を全面的に変えてしまう。アインシュタインはそれまでの時間，空間の概念を一新し，この「相対性原理」を是認する新しい理論を定式化することになった。

対的に等速度直線運動する無限に多くの慣性系において，自然法則が同一形式で現れる」という「相対性原理」を是認した。これは，任意の慣性系の同等性を主張するものであり，ニュートン力学のような力学現象のみならず，マクスウェルの電磁気学のような電磁現象においても，その同等性を求めるものであった。

　「相対性原理」に基づけば，任意の慣性系においてマクスウェルの方程式が同一形式で成立しなければならない。この方程式は光の速度を定数とすることを考慮すると，光の速度は光源の運動とは無関係に真空において定数であることが必要となる。そのとき，光の速度が任意の慣性系において定数となることから，光の速度は慣性系の間の座標変換に対する不変量となる。したがって，慣性系の間の座標変換に対して光の速度が不変量となるように慣性系の時間，空間の座標を決めることが要請された。そのためには，ガリレイ変換は妥当でな

図3-13　ヘンドリック・アントーン・ローレンツ（1853-1928）

いことになった．このように考えて，アインシュタインは，慣性系の時間，空間の新しい概念を導出した（湯川・田村，1955-1962）．

　ローレンツは，エーテルという「絶対静止系」の存在を仮定するとき予想される結論が様々な実験によって否定されたため，「相対性原理」を検証した実験結果を受けて，次のように考えた．エーテルの存在を仮定するとき予想される結論が「相対性原理」にかなったものになるためには，どのような仮説が導入されるべきかを考え，ローレンツ変換と呼ばれる式を1904年に最初に導いた．

　アインシュタインはこれとは独自に，光の速度が定数であることが，すべての慣性系で成立するように，ガリレイ変換に代わるローレンツ変換を導いた．ローレンツ変換の式はローレンツによって先に導かれたが，この変換の式を特殊相対性理論の基礎法則から導き出し，その新しい物理学的意義を見出したのはアインシュタインであった（メラー，1959）．

7　特殊相対性理論からの帰結

　ローレンツ変換の式から，「運動物体の短縮」が帰結された．運動している物体の速度uと光の速度cの比u/cの二乗を1から差し引いた量の平方根はローレンツ短縮と呼ばれる．運動方向の長さは静止状態の長さにローレンツ短縮を掛けた量で表わされた（すなわち速度方向に短縮する）．速度が光の速度に比べ

て非常に小さいとき運動方向の長さは静止状態の長さで近似される。

　また，ローレンツ変換から，「運動する時計の遅れ」が帰結された。運動する時計の進み方$\Delta\tau$は静止時計の進み方Δtにローレンツ短縮を掛けた量で表された。運動する時計の進み方$\Delta\tau$は静止時計の進み方Δtに比べて遅れる。たとえば運動している放射性物質は，静止している場合より時計の進み方が遅れるため，その寿命が長くなり，放射線を長く放出する。さらに，ローレンツ変換式から，物体の速度は光の速度を超え得ないことがわかった。

　電磁現象の基礎方程式であるマクスウェルの方程式は，ローレンツ変換に対して不変であり，「相対性原理」と調和する。しかし，ニュートン力学の基礎方程式は，「相対性原理」と調和するには，変更を加えることが必要となった。この変更により，運動する物体の相対論的質量は静止しているときの質量に，ローレンツ短縮の逆数を掛けた量で表された。運動量保存則を用いて導かれたのである。

　運動量pとエネルギEに関するローレンツ変換に際しての関係式から，アインシュタインは相対論的質量 m がE/c^2で与えられること，さらに「質量とエネルギの等価性」を示した。このことから，質量 m の質点は次のような式，

$$E = \mathrm{mc}^2$$

で表されるEのエネルギをもつことになる。

　「質量とエネルギの等価性」が現実的な意味をもつのは，粒子の質量の減少に等価なエネルギを他の粒子の運動エネルギに変えるような粒子の消滅過程が実在する場合に限られる。このような消滅過程が自然界に存在するならば，質量が消滅するとき，エネルギの開放がなされるであろう（メラー, 1959）。もし，このような粒子の消滅過程が連鎖的に起これば，膨大なエネルギが開放されることになる。後に，ナチ（Nazi）に対する恐怖心から，1939年にアインシュタインがアメリカのルーズベルト（Franklin D. Roosevelt）大統領に原子爆弾製造の可能性を示唆したのはこの理論的帰結による。

　「質量とエネルギの等価性」が実験的に検証されたのは，質量欠損（解説3-1参照）のわかった核が質量欠損の値が違う核に変化するような核分裂反応に

> **解説 3-1　質量欠損**
>
> 　実際の原子核の質量と原子核を構成する粒子（陽子と中性子）の合計質量の差を質量欠損という。核を構成する粒子をばらばらにする場合に，核に与えるべきエネルギの量を結合エネルギという。結合エネルギを$\varDelta E$で表すと，質量欠損は$\varDelta E/c^2$で与えられる。すなわち，原子核を構成する粒子がばらばらにされたときの合計質量は元の原子核の質量と同じではなく，この違いは，アインシュタインによって示された「エネルギと質量の等価性」から結合エネルギに相当するものであり，結合エネルギを光の速度の二乗で割った量で与えられるのである（メラー，1959）。

よってであった。それは 1932 年にケンブリッジのキャベンディッシュ研究所で行われたコッククロフト（John Douglas Cockcroft）とウォルトン（Ernest Thomas Sinton Walton）の実験においてであった。実験において，リチウムを高速プロトンで衝撃したとき，プロトンはリチウム核内に突入し，複合核が形成された。原子核に入射粒子を加えた新しい核で，その内部エネルギが加えられたエネルギだけ高くなっている核を複合核という。この複合核は不安定で，彼らの実験の場合，間もなく 2 個の高速 α 粒子（ヘリウム核）に分裂した。この核分裂反応過程で失われた質量と核分裂反応の結果，得られた α 粒子の運動エネルギから入射プロトンの運動エネルギを差し引いた量を測定することによって，失われた質量に等価なエネルギと運動エネルギの一致が検証された。このように，「質量とエネルギの等価性」が検証された。

図 3-14　ジョン・ダグラス・コッククロフト
(1897-1967)

図 3-15　アーネスト・トーマス・シントン・ウォルトン (1903-1995)

第Ⅲ章　アルバート・アインシュタイン　**103**

8　大学での研究

　1907 年，アインシュタインは固体の比熱の問題を解決した。1908 年，特許局に勤務するかたわらベルン大学の私講師（Privatdozent）にもなった。このポストに就くことは，大学学部に属さずに大学で教える権利のみをもつことを意味した。大学からは給料は支払われず，報酬は講義に参加した人たちから支払われる僅かな聴講料のみであった。しかし，このポストが彼にとって，アカデミックな場での最初のポストであった。そのとき，ベルン大学に通っていた妹も彼の講義を聴いた。彼女は 1908 年 12 月 21 日，ロマンス言語に関する論文をベルン大学に提出して博士の学位を取得した。

　1909 年 10 月 15 日，チューリッヒ大学で学部のポストを得て理論物理学の準教授に就任した。それまで勤務していた特許局とベルン大学を辞職した。その頃には，彼は指導的な立場の科学者として世界で認められていた。彼はプラハのカール・フェルディナンド大学の教授に招聘されたため，1911 年 3 月に彼と家族はプラハに到着し 4 月 1 日から就任した。

　1907 年，チューリッヒ工科大学の幾何学の教授になった数学者であるグロスマンは 1911 年，数理物理学部門の長に任命された。このまれに若い学部長が最初に行った仕事の 1 つはアインシュタインに「大学に戻る気持ちはないか？」と打診することであった（Pais, 1982: 208-209）。アインシュタインは直ちにチューリッヒ工科大学で教える意思を伝えた。

　1912 年，チューリッヒ工科大学の教授に招聘されたため，彼はプラハからチューリッヒに移った。チューリッヒに移る前にユトレヒト大学からも招聘があったが，彼はそれを断った。1900 年にチューリッヒ工科大学を卒業したとき，就職先が無く苦労したアインシュタインは 12 年の歳月を経て遂に，母校の大学に教授として迎えられたのである。

　この年から，グロスマンの協力を得て，特殊相対性理論を一般化する一般相対性理論の構築に取り掛かった。レビ゠チビタ（Tullio Levi-Civita）やリッチ゠クルバストロ（Gregorio Ricci-Curbastro）らのテンソル解析手法および曲がった空間と表面についての理論であるリーマン幾何学を用いて重力理論を展開した。1913 年，一般相対性理論の論文「一般相対性理論および重力論の草案（Entwurf

einer verallgemeinerten Relativitätstheorie und einer Theorie der Gravitation)」を
グロスマンと共著で発表した。この論文によって，引力は時空が曲がっている
ために生じる現象であるという考えを提唱した。この時点では，彼らは重力を
時空のゆがみに関連づける重力場方程式をみつけることはできていなかったが，
後述するように 1915 年にそれをみつけた。

1914 年 4 月，アインシュタインはプランクの推薦によってベルリン大学の教
授に招聘されたため，チューリッヒからベルリンに移った。しばらくして，妻
と子息 2 人（Hans Albert と Eduard）も彼の所にやって来た。しかし，妻と子息
2 人はすぐにチューリッヒへ戻ったため，別居生活が始まった。この別居によ
り，彼は理論研究に専念できるようになり，その後，18 年間ベルリンに滞在す
ることになった。ベルリンのカイザー・ウィルヘルム物理学研究所の理事にも
就任した。ドイツへ戻ったが，アインシュタインは 1901 年にスイス国籍を取
得した状態のままでドイツ国籍を取ろうとはしなかった。

彼はローレンツへの手紙で「ベルリンでのポストは私に何の義務も課すこと
なく，私はまったく自由に思索に耽ることができる」と書いた。また，友人の
チューリッヒ大学法医学研究所ディレクターのザンガー（Heinrich Zannger）へ
の手紙で「ベルリンでの仲間との交流は刺激的であり，特に，天文学者は私に
とって重要である」と書き，光の屈折についてアインシュタインが当時，興味
をもっていたことを示していた（Pais, 1982: 240）。

1914 年 7 月 2 日のプロイセン科学アカデミーでのベルリン大学教授就任演
説で，彼は「プランクのエネルギ量子説はミクロの世界において物理学の変革
を導いた」とプランクを賞賛した後，自分自身の相対性理論について講演した。
これに対する返礼でプランクは「アインシュタインが理論的に予測している
「重力による光の屈折現象」（解説 3-3 参照☞ 111 頁）についての実験的な情報が
8 月 21 日の日食観測により得られるであろうことを期待する」と演説を締めく
くった（Pais, 1982: 242）。しかし，このプランクの期待は 8 月 1 日の第一次世界
大戦の勃発で打ち砕かれた。アインシュタインの「重力による光の屈折現象」
の予測はこの時点では未だ正確ではなかったが，1915 年の一般相対性理論の完
成版において予測が正確になされ，その予測値の正確さが 1919 年の皆既日食
観測で検証された（本章 10 節参照☞ 110 頁）。

第Ⅲ章 アルバート・アインシュタイン 105

図 3-16 ダヴィド・ヒルベルト（1862-1943）

　前述のように 1914 年 8 月 1 日，第一次世界大戦が始まった。アインシュタインは戦争反対論者であった。「人間が国のために」という理由で互いに殺戮することの愚かさを彼は人々に訴えた。しかし，誰も彼の言葉に耳を傾けず，若者たちを戦場に送り出した。人類史上，初めての世界大戦の悲惨な地獄絵巻が繰り広げられた。

　1915 年 11 月 25 日，アインシュタインは一般相対性理論の完成版を『アナーレン・デア・フィジーク』に投稿した。彼より 5 日早く，ヒルベルト（David Hilbert）が一般相対性理論の重力場方程式を含む論文を投稿していたため，どちらに優先権があるのかが問題になりかけた。しかし，実際には，1915 年の夏にアインシュタインがゲッティンゲンを訪問した際，自分の考えについてヒルベルトと議論し，この後にヒルベルトはアインシュタインが重力場方程式をみつける数日前に，同じ式をみつけた。それにもかかわらず，ヒルベルトが認めたように，重力を時空のゆがみに関連づけたのはアインシュタインの考えだったので，現在ではアインシュタインの優先権が認められている（ホーキング，2001: 30）。1916 年に最初で最も重要な一般相対性理論の前述投稿論文「一般相対性理論の基礎（Die Grundlage der allgemeinen Relativitätstheorie）」が発表された。

9　一般相対性理論

　特殊相対性理論における「特殊相対性原理」は，互いに相対的に等速度直線運動するゆがみの無い任意の慣性系の同等性を意味していた。すなわち，物理学の基礎方程式はすべての慣性系において同じ形で成立する，というものであった。これに対して，一般相対性理論における「一般相対性原理」は，慣性系だけでなく加速度系も慣性系と同等であることを意味していた。加速度系は慣性系に対して等速度直線運動でなく，加速度運動する系である。たとえば，慣性系に対して回転し，遠心力という加速度を伴うような系は加速度系である。「一般相対性原理」に基づいて，アインシュタインは特殊相対性理論を，さらに一般化した一般相対性理論を確立した。

　質量が無く重力の影響の無い場所において，慣性系に対して一様に回転している加速度系を考える。この場合，遠心力という「見かけの重力」が生じるが，アインシュタインはこの「見かけの重力」と「重力」は同等である，とする「等価原理」を導入した。

　アインシュタインは自然の事象の記述に，ゆがみのない慣性系での普通の3次元の空間座標系 (X, Y, Z) と時間座標軸 (T) を融合し $X_i (i=1, 2, 3, 4) = (X, Y, Z, cT ; c$ は光の速度) としたミンコウスキー4次元世界[3]を用いた。ミンコウスキー4次元世界（解説3-2参照）は「世界」と呼ばれた。ゆがみのないミンコウスキー4次元世界の線素（相隣る2点間の4次元的な距離）の二乗は3次元の空間座標 $X_i (i=1, 2, 3)$ 軸上の線素（相隣る2点間の1次元的な距離）$dX_i (i=1, 2, 3)$ の二乗の3つの和から時間座標 $X_4 (=cT)$ 軸上の線素 $dX_4 (=cdT)$ の二乗を差し引いた量で与えられた。一方，加速度系においてはゆがみのある一般曲線座標系 $x_i (i=1, 2, 3, 4)$ で表されるミンコウスキー4次元世界の線素の二乗は4つの一般曲線座標上の線素 $dx_i (i=1, 2, 3, 4)$ のうちの2つの積に係数をつけた $g_{ij} dx_i dx_j (i,j=1,2,3,4)$ の添え字 i と j のすべての組み合せの総和で表されそのときの係数 $g_{ij} (i,j=1,2,3,4)$ は「計量テンソル」と呼ばれた。一般曲線座標は X_i

---

[3] ミンコウスキー空間といわれることもあるが，3次元空間と時間を融合することを表すため，本書ではミンコウスキー4次元世界という用語を用いる（湯川・田村, 1955-1962）。

> **解説 3-2　ミンコウスキー 4 次元世界**
>
> 　空間座標系 (X, Y, Z) と時間座標軸 T を融合したものをミンコウスキー 4 次元世界という。ここでは，重力による時空のゆがみは無いものとする。この 4 つの座標軸は互いに直交している。図では便宜上，3 次元空間座標軸 X, Y, Z は時間座標軸 T に垂直な平面にまとめて表されている。静止している物体のミンコウスキー 4 次元世界での軌跡は時間座標軸に平行となる。ある事象 E が光の速度で将来方向に伝わる軌跡は図で示す上側の円錐となり，過去からある事象 E で観測される軌跡は図の下側の円錐となる。これらの円錐は光円錐 (Light Cone) と呼ばれる。
>
>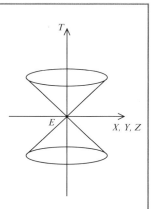
>
> 図　光円錐 (Light Cone)
>
> 　物体の速度は光の速度を超えないため，物体運動のミンコウスキー 4 次元世界での軌跡である「世界線」は，この光円錐の内側にある。

($i = 1, 2, 3, 4$) の関数である。ゆがみのないミンコウスキー 4 次元世界では $x_i = X_i$ ($i = 1, 2, 3, 4$) および $g_{11} = g_{22} = g_{33} = 1$, $g_{44} = -1$ となり，添え字 i と j が異なる他の計量テンソル g_{ij} は零となる。計量テンソルは一般相対性理論で後述のように重要な役割を果たす。

　質量の分布が与えられたとき，重力場の変数（重力ポテンシャル）あるいは計量テンソルを決定する重力場方程式（本章 8 節参照）が前述のように 1915 年にアインシュタインによってみつけられた。重力場方程式は重力ポテンシャルおよび重力による時空のゆがみに関する項と質量・エネルギ分布の項を含む。重力場が弱く質量分布が静的である場合，重力場方程式は，重力ポテンシャルの空間的微分の項と質量分布の項で表されるニュートンの重力論の式となる。

　計量テンソルは加速度系におけるミンコウスキー 4 次元世界の幾何学（一般には非ユークリッド幾何学）を決定する。この計量テンソルが，遠心力のような「見かけの重力」や「重力」に依存することが示された。すなわち，重力により計量テンソルが影響を受け時空のゆがみが生ずることが示された。

　重力によってミンコウスキー 4 次元世界が平坦でなくなり，時空がゆがんだ世界においては，2 点間の最短距離を与える経路は直線ではなく曲線となる。

この世界では，ユークリッド幾何学は成り立たず，三角形の内角の和は 180 度（π ラヂアン）より小さい。もし，遠心力のような見かけの重力が存在する加速度系から回転が無くなり慣性系に移るときは，見かけの重力は消え去り，ミンコウスキー 4 次元世界は平坦になる。

　ミンコウスキー 4 次元世界の点，すなわち，「いつ，どこ」を表わす点を「世界点」という。ミンコウスキー 4 次元世界における粒子の運動軌跡を「世界線」という。また，ミンコウスキー 4 次元世界における 2 つの世界点を結ぶ距離が最小値となる世界線を「測地線」という。慣性系のような時空のゆがみの無い，ユークリッド幾何学の成り立つ世界における最短距離線としての直線の一般化として，一般相対性理論では，最短距離線として測地線が定義されたのである．

　重力のもとで時空がゆがんだミンコウスキー 4 次元世界で，重力以外の外力を受けず重力のみを受けて自由落下をする粒子の世界線は「測地線」であることが示された。この「測地線」は変分原理から導かれるオイラー方程式の解として与えられた。ニュートン力学での「慣性の法則」は力を受けない物体の運動法則であるが，一般相対性理論での「慣性の法則」は，「重力のみの外力を受け，重力以外の外力を受けない物体は測地線に沿って運動する」に置き換えられた。

　重力加速度は重力ポテンシャルから導かれる。重力ポテンシャルには重力スカラー・ポテンシャルと重力ベクトル・ポテンシャル（計量テンソルを用いて定義される 3 次元ベクトル）がある。空間座標系が時間座標軸と直交するとき，または重力ベクトル・ポテンシャルが時間に依存しないとき，重力加速度は重力スカラー・ポテンシャルの空間的勾配にマイナス符号をつけたもので与えられる。たとえば，回転角速度 ω で回転する加速度系において動径 r の点にある粒子の重力スカラー・ポテンシャルは $-(r\omega)^2/2$ で与えられる。したがって，重力加速度は大きさ $r\omega^2$ で，向きは r の増加する方向をもつ。すなわち，遠心力の加速度に等しい。このときの測地線の線素に現れる計量テンソルは重力に影響を受け，重力による時空のゆがみが生じ測地線は図 3-17 に示すように直線ではなく曲線となる。

　計量テンソルの 1 つの要素 g_{44} は重力スカラー・ポテンシャル χ を用いて $-(1+2\chi/c^2)$ で表された。ただし，χ は一般に同じ重力加速度を与える（$\chi+$ 定数）で表されるが，χ が零のときに g_{44} が重力のない場合の値 -1 になるように

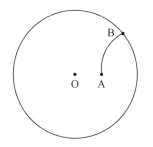
Oのまわりに回転する加速度系では，2点AとBを結ぶ最短経路である測地線は直線ではなく曲線となる

図3-17　回転する加速度系における測地線

定数を定めて規格化された。このように，ミンコウスキー4次元世界の計量テンソルと重力を一般相対性理論は関係づけたのである。重力の存在する一般曲線座標系では，計量テンソルは重力スカラー・ポテンシャルに依存するため，時間・空間とともに変化する。その結果，計量テンソルの時間・空間に関する変化率を用いて定義される時空のゆがみが生ずる。回転する加速度系の角速度が零となり慣性系に移るとき，重力スカラー・ポテンシャルが零となり計量テンソルは前述のように定数となる。その結果，時空のゆがみがなくなり「世界」は平坦になる。

　アインシュタインは「等価原理」によって，地球や太陽のような大きな質量によって作られる永久的重力場と，遠心力のような人為的に作られた非永久的重力場を同等とした。

　重力の存在する一般曲線座標系において，粒子の質量は相対論的質量で表わされた。これは重力スカラー・ポテンシャル χ と重力ベクトル・ポテンシャルに依存した。もし，空間座標系が時間座標軸と直交するなら重力ベクトル・ポテンシャルは零となり，相対論的質量は，本章7節で述べた特殊相対性理論での相対論的質量に χ が加味され，静止しているときの質量に χ が加味されたローレンツ短縮 $\{1+(2\chi-u^2)/c^2\}^{1/2}$ の逆数を掛けた量で表された。ここに $(\cdot)^{1/2}$ は平方根を表す。

　ミンコウスキー4次元世界における粒子の世界線を決定するオイラー方程式は4つの方程式から成る。はじめの3つの式は粒子の運動方程式を表し，計量テンソルに依存する形式で表わされる。第4の式はエネルギ保存則を表わす。この第4の式から，定常重力場における粒子の全エネルギ H は重力場が弱いと

き，速度 u が小さくて u/c の3次以上の項を無視し，2次の項まで残せば

$$H = m_0 c^2 + m_0 u^2/2 + m_0 \chi$$

になることが示された。第1項は静止エネルギで，第2項は運動エネルギ，第3項は重力のポテンシャル・エネルギである。速度 u が大きな場合は，エネルギをこのように運動エネルギと重力のポテンシャル・エネルギの部分に分けることはできない。第1項は質量とエネルギの等価性から現れる相対性理論特有のものである。

　重力ポテンシャルで記述される重力場の中を速度 u で運動する粒子とともに運動する時計の進み方 $\Delta\tau$ は，空間座標系が時間座標軸に直交している場合，慣性系の静止時計の進み方 Δt に一般化されたローレンツ短縮 $\{1+(2\chi-u^2)/c^2\}^{1/2}$ を掛けた量で表された。これにより，重力場が存在しているところで運動している時計が遅れる（または進む）ことがわかる。これは特殊相対性理論での時計の遅れの一般化になっていて速度と χ に依存する。重力場が存在する系に対して静止している時計では速度 u は零となり，$\Delta\tau$ は χ のみに依存し，ローレンツ短縮は $(1+2\chi/c^2)^{1/2}$ で表される。たとえば，回転角速度 ω の回転円盤上の動径 r の点で静止している場合，χ は $-(r\omega)^2/2$ のため，ローレンツ短縮は $\{1-(r\omega)^2/c^2\}^{1/2}$ で表され，時計の進み方は中心から離れるほど遅くなる。回転系にいる観測者は，この時計の遅れが回転系における遠心力による重力スカラー・ポテンシャル χ の存在に起因すると解釈する。一方，慣性系にいる観測者は，慣性系には重力場は無く χ は零のため，この時計の遅れは時計の速度 u（速度 u は $r\omega$ に等しい）に起因すると解釈する。

10　一般相対性理論の正当性の確認

　時間に依存しない静的な重力場の中では，光の速度は重力ポテンシャルに依存し，光線の進路はフェルマーの原理（進路はそれを通過する全時間が最小となるように決められるという原理）に従い，その原理から導かれる光線の進路の方程

> 解説 3-3　重力場での光の進路
> 　時間座標軸と空間座標系が直交する座標系（このとき重力ベクトル・ポテンシャルは零となる）で，静的な重力場における光の伝播を考える（メラー，1959）。このとき，誘電率と導磁率およびこれら両者の積の平方根で与えられる屈折率は重力スカラー・ポテンシャルに依存する。光の伝播速度 w は光の速度を屈折率で割った量であるため重力スカラー・ポテンシャルに依存する。
>
>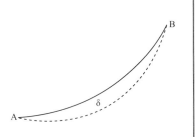
>
> 図　重力の下での A から B への光の進路
> （破線は変分 δ による新しい経路）
>
> 　フェルマーの原理によれば，図で示すように光が空間の 2 点 A, B 間を通過する進路は，通過に要する時間が最小となるような進路である。この進路は，空間的線素 $d\sigma$ を進むのに掛かる時間 $d\sigma/w$ の進路全体の総計を最小とする変分原理（解説 1-8 参照☞ 36 頁）から導かれるオイラー方程式の解が決める光の進路によって与えられる。このオイラー方程式は重力スカラー・ポテンシャルの空間的勾配を含むため，光の進路は重力に依存することになる。すなわち，光の進路は重力が無いとき直線となり，重力が存在するとき，光は直線の進路をとることができず，「重力による光の屈折現象」が起こる。
> 　アインシュタインは太陽の縁をすれすれに通る光線について屈折の角度を $4kM/(c^2 r_m)$ で表した。ここに k は万有引力定数，M は太陽の質量，c は光の速度，r_m は太陽の半径である。これより彼は屈折の角度を 1.7" と予言した（メラー，1959: 351）。

式から，光線が重力によって真っ直ぐな線からずれること，すなわち，「重力による光の屈折現象」（解説 3-3 参照）が存在するとアインシュタインは結論づけた。彼は，太陽の縁をすれすれに通る光線について屈折の角度を計算し，屈折の角度を 1.7"（秒）と予言した。この予言は，太陽の光に影響されずに星を観測できる皆既日食のときの観測によって検証できるものであった。これに関するエディントン（Arthur Stanley Eddington）の観測結果については本節で後述する。

　一般相対性理論の正当性を検証するものとして，「重力による光の屈折現象」のほかに，「水星の近日点の移動」があった。この現象はニュートン力学では説明できないものであった。アインシュタインは水星よりはるかに重い物体である太陽の重力場内における惑星の運動（解説 3-4 参照）を考察することによって，

解説3-4　一般相対性理論による惑星の近日点移動の解析

　弱い重力場における質点としての惑星の運動を考える。このとき，重力場を作る質量の分布が静的（時間に依存しないという意味）で，球対称であると仮定する。太陽系の太陽がこれに当たる。図1に示すような極座標 (r, θ, φ) を用いる。ただし，座標原点Oは太陽の位置とする。

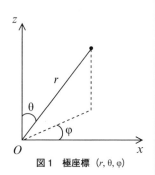

図1　極座標 (r, θ, φ)

　質量mの惑星が質量Mの太陽の重力場内で行う運動について考える。ニュートン理論の解から，惑星は太陽からrの距離にあり，θが$\pi/2$（惑星がx-y平面内にあることを示す）で，離心率がεで，rが$d/(1-\varepsilon)$である遠日点r_1，rが$d/(1+\varepsilon)$である近日点r_2をもつ楕円軌道をとる。dは楕円の半長径$a(=(r_1+r_2)/2)$および半短径$b(=(r_1 r_2)^{1/2})$を用いてb^2/aで与えられる。離心率εはf/aで与えられる。ただしfは楕円の中心から焦点までの距離である。水星の場合，εは0.2056であり，dは5.786×10^{10}mである。

　ρ_1が$1/r_1$，ρ_2が$1/r_2$を表すとき，図2に示すように，遠日点から近日点までのφの増分$\varphi_2-\varphi_1$は，遠日点ρ_1のときφ_1は$-\pi/2$，近日点ρ_2のときφ_2は$\pi/2$であるため，次のように求められる。

$$\varphi_2 - \varphi_1 = \pi$$

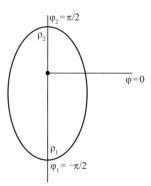

図2　遠日点ρ_1と近日点ρ_2

　一方，厳密なアインシュタイン理論における惑星の軌道を決める方程式から求められる$(\varphi_2-\varphi_1)$によって，相次いで起こる2回の近日点の間のφの差$2(\varphi_2-\varphi_1)$を考える。ニュートン理論の場合の結果である$2(\varphi_2-\varphi_1)=2\pi$と，厳密なアインシュタイン理論の結果との差$\Delta\varphi$は$3\pi\alpha(\rho_1+\rho_2)/2$で与えられた。ただし，$\alpha$は$2kM/c^2$で定義される。ここで，kは万有引力定数，cは光の速度である。

　厳密なアインシュタイン理論の結果が近似のニュートン理論の結果より$\Delta\varphi$だけ大であり，$\Delta\varphi$が正であることは惑星が1公転するごとに，これだけ近日点が前進することを示す。水星の場合，アインシュタインの予言した近日点の前進は100年間に角度で43"となった（メラー, 1959: 348）。これは観測結果とよく一致した。他の惑星については，近日点の前進は小さすぎて，確実に観測することはできない。

第Ⅲ章　アルバート・アインシュタイン　　*113*

「水星が公転するごとに太陽の重力の影響でその近日点が移動する」と予測し，
近日点の移動を太陽から見た水星の位置を公転面における角度で表わすと 100
年間での角度の変化は 43" と予言した。これは，実際の観測結果とよく一致し
た。

　アインシュタインは，時計の進む速さが重力ポテンシャルに依存することか
ら「スペクトル線は光が放射された場所と観測された場所におけるそれぞれの
重力スカラー・ポテンシャルの差を $\Delta\chi$ で表すと，$\Delta\chi$ に依存してずれる」こ
とも予測した。すなわち，原子の固有振動数 v_0 の光を観測するときの振動数
が v である場合，振動数の差 $v-v_0$ を Δv で表すと Δv の v_0 に対する比 $\Delta v/v_0$
は $\Delta\chi/c^2$ で表された。太陽の重力場の場合には $\Delta v/v_0$ は -2.12×10^{-6} と予言した，
太陽表面に存在する原子から放射された光を地球上で観測したスペクトルは地
球上にある原子から放射された光のスペクトルに比べて僅かに振動数が少ない，
すなわち赤い方にずれていることが観測された。アインシュタインによるスペ
クトル線のずれの予言は太陽，シリウスの伴星の場合についての観測結果と満
足すべき一致をみた（メラー，1959）。

　一般相対性理論に関しては実験による検証が非常に少ない。アインシュタイ
ンの一般相対性理論は，第一近似でニュートン理論を含んでいる。ニュートン
とアインシュタインの理論の差が，前述した 3 つの現象（重力による光の屈折，
水星の近日点の移動，重力によるスペクトル線のずれ）のみに現れたということは，
ニュートン理論が太陽系内での重力現象に対する良い近似であることを示して
いる。しかし，宇宙の事象を問題にするとき，アインシュタインの一般相対性
理論は有力な指針となることが期待される（ホーキング，2001）。たとえば，星の
進化の最終段階であるブラックホールの理論は重力場方程式のシュバルツシル
ト解に基づいて展開された。

　それまで理論的説明ができないため謎とされてきた「水星の近日点の移動」
に関しては，一般相対性理論で説明がつくことからイギリスの天文学者エディ
ントンがこの理論に大変興味を示した。彼は 1916 年に英国協会の会合で一般
相対性理論について講義をする程この理論の熱心な解説者であった。さらにア
インシュタインが予言していた図 3-18 に示すような太陽の「重力による光の
屈折現象」を検証する目的で，1919 年皆既日食観測の隊員たちを西アフリカの

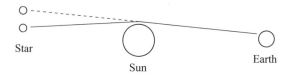

皆既日食のとき，地球上で観測すると，星の位置は破線の方向に有るように見え，常とは異なった方向に観測された

図 3-18　重力による光の屈折

図 3-19　アーサー・スタンレー・エディントン（1882-1944）

プリンシペ島に引率した。11 月 6 日，英国王立協会と英国王立天文学協会の合同会議において，その観測結果の解析から，太陽の縁をすれすれに通る光線について屈折の角度が 1.61"±0.30" と導かれ，アインシュタインの予言 1.7" の正確さが検証された。11 月 7 日のタイムズは「科学における革命―宇宙の新理論」という見出しで，アインシュタインの一般相対性理論を紹介し，その理論の正当性を示すエディントンの観測結果を報じた。これは大きな反響を呼び，アインシュタインの名は世界中に知れ渡った。

11　ノーベル賞

　アインシュタインが前述の重力場方程式（本章 9 節参照☞ 107 頁）をみつけたのは妻と別居した直後のことであった。彼は妻と約 5 年間の別居後，1919 年 2 月 14 日に離婚した。離婚条件として「そのうちに受賞するだろうノーベル賞の賞金は妻であったミレーバが受け取る」ことが明記されていた（Pais, 1982: 300）。

図 3-20　アインシュタインと妻エルザ（1921 年の写真）　図 3-21　1921 年頃のアインシュタイン

　1917 年，彼が肝臓を患った時，料理などをして看病してくれた幼馴染でいとこのエルザ（Elsa Lowenthal）と 1919 年 6 月 2 日，再婚した。彼女は 1876 年生まれで離婚経験があり，ベルリンにあるアパートメントの両親の部屋の上の階に住んでいた。その部屋が再婚後の棲家となった。彼女の父とアインシュタインの父はいとこ同士で，彼女の母はアインシュタインの母の姉妹であった。彼女は優しい性格でアインシュタインの世話をよくした。研究の合間にモーツァルトの曲をヴァイオリンで美しく演奏するアインシュタインに彼女は魅了された。アインシュタインはミレーバとの離婚時に，「2 人の子息に時々ベルリンにいる彼を訪れさせる」という権利を要求していた。再婚後もその要求を守ってくれたことに感謝する旨の手紙をミレーバに送った（Isaacson, 2017: 217, 228, 229）。

　1920 年 1 月，アインシュタインの母が彼と一緒に暮らすことを望み，ベルリンに来た。しかし母は腹部の癌のため 2 月に逝去した。1918 年に第一次世界大戦が終結していたが，勝利した連合国は，敗戦国のドイツに過酷な条件を突きつけた結果，ドイツは異常なほどの経済的没落に陥っていた。母を亡くした年に彼は戦後のドイツの貧窮状況をみるに及んで，ドイツ人であることを自覚し，16 歳の時に一度捨てたドイツ国籍を 1920 年に再び取得した。

　1921 年，彼は初めてアメリカ合衆国を訪問した。その主な目的は，エルサレムのヘブライ大学建設の基金を調達することであった。その目的のために，各地で騒々しいパレードが行われ，沿道の見物人の熱狂ぶりは先例のないもので

あったが，理論物理学者の彼にはなじめないものであった。基金の目標額は
400万ドルであったが，実際にはその年末までに75万ドルしか集まらなかった。
アメリカ滞在中に相対性理論についての講義を何回か頼まれた。プリンストン
での講義の後，パーティに参加していた数学者のベブレン（Oswald Veblen）が
10年後に完成予定の数学の建物の談話室の暖炉の前飾りの石に刻む言葉をア
インシュタインに求めたとき，彼は承諾し，「自然は本質的な崇高さの故に神秘
を見えなくするが，策略によってではない」という言葉を述べた。後にその建
物はプリンストン高等学術研究所の拠点となり，1933年にアインシュタインは
プリンストンに永住することを決意し，その施設にオフィスを1つもった。彼
は晩年，この暖炉の前に座ることがあった（Isaacson, 2017: 297-300）。

　1922年6月24日，アインシュタインの知り合いでドイツ外務大臣を数カ月，
務めたユダヤ人のラーテナウ（Walter Rathenau）が極右組織コンスルにより暗
殺された。7月4日，ラーテナウと親しかったアインシュタインは身の危険を
感じキュリー（Marie Curie）に手紙で「プロイセン科学アカデミーのポストを
辞職しなければならない」と書いた（Pais, 1982: 316）。10月8日，身の安全のた
めに海外を旅行した。途中，光電効果の論文に対するノーベル賞受賞の知らせ
を受け，その年にノーベル賞が授与された。

　賞金は離婚の条件通り前妻ミレーバへの慰謝料に使われた。彼は海外への旅
行に出発して数カ月経った1923年2月にベルリンに戻ったが，この旅行で，彼
はコロンボ，シンガポール，香港，上海に短い滞在をした後，日本に5週間，パ
レスチナに12日間滞在した。行く先々の国で，著名な科学者アインシュタイ
ンを熱狂的な群衆が出迎えた。湯川秀樹が旧制第3高等学校に入学する1年前
で旧制京都第1中学校の4年生のとき，アインシュタインが来日して日本中が
沸いた。そのニュースを知った友人が2人1組で行う物理実験を湯川の相棒と
してやっていたとき，「小川君（湯川秀樹の旧姓）はアインシュタインのように
なるだろう」と言ったことが湯川の自叙伝『旅人―ある物理学者の回想』に述
べられている（湯川, 2011: 143）。その後，湯川は京都大学に進み卒業して間も
なく，1935年，原子核内のメカニズムを解釈する上で重要な役割を果たす「中
間子理論」を発表し，核力（陽子と中性子の間に働く力）の運び手としての中間
子（meson）の存在を理論的に予言した（Zee, 2010: 28）。この研究成果は，当時，

第Ⅲ章　アルバート・アインシュタイン　　*117*

図 3-22　湯川秀樹（1907–1981）（1949 年の写真）

この分野で指導者が皆無であった日本において独立自主の気概をもってなされ，ヨーロッパの第一線の研究に優るものであった（南部，1998: 71）。この功績により 1949 年，日本人として初めてノーベル物理学賞を受賞した。湯川は晩年のアインシュタインとプリンストン高等学術研究所で出会うことになる（本章 13 節参照）。

アインシュタインはその後の 1925 年，英国王立協会からコプレイ・メダルを授与された。さらに 1926 年，英国王立天文学協会ゴールド・メダルも授与された。

12　ソルベー会議

1927 年 10 月，第 5 回ソルベー会議が開催され，相対性理論と共に現代物理学の双璧を成す量子力学に関して討論された。この会議には，量子力学を開拓した著名な科学者たちが出席した。すなわち，プランク，ボーア（Niels Henrik David Bohr），ド・ブロイ（Louis-Victor Pierre Raymond duc de Broglie），ハイゼンベルグ（Werner Karl Heisenberg），シュレーディンガー（Erwin Rudolf Josef Alexander Schrödinger），ディラック（Paul Adrian Maurice Dirac）などである。もちろん，アインシュタインも出席した。

ソルベー会議に出席した量子力学の開拓者たちの業績について概観すること

図 3-23　ニールス・ヘンリク・ダヴィド・ボーア（1885–1962）（1922 年頃の写真）　　図 3-24　ルイ＝ヴィクトル・レーモン・ド・ブロイ（1892–1987）（1929 年頃の写真）

は，量子力学の確立の過程を理解するのに役立つ．まずプランクはすでに述べたとおり，「エネルギ量子」説を最初に提案し量子力学の幕開けの役割を果たした．アインシュタインは「光電効果」の理論的解明によりプランクの説の正しさを示した（本章 4 節参照☞ 92 頁）．

ボーアは 1913 年，原子構造のモデルを提案した．ド・ブロイは 1924 年，すべての粒子が波動性をもつことを主張し，その波長を「プランク定数を運動量で割った値」で与えた．そして，彼はボーアの原子構造のモデルの物理学的説明に初めて成功した．

シュレーディンガー（補遺 3-5 に詳述）は 1926 年，ド・ブロイの提案した粒子の波動性にヒントを得て，電子の波動性を表す波動関数が満たすべきシュレーディンガー方程式を導出し，「波動力学」の基礎を確立した．その前年の 1925 年，ハイゼンベルグは，シュレーディンガーとは独自に「行列力学」を確立した．「波動力学」は量子力学を波動関数で定式化したが，「行列力学」は量子力学を行列表示で定式化したもので，両者は表現法が異なるが等価である．このように両者は量子力学の確立に大きく寄与した．

パウリ（Wolfgang Ernst Pauli）は「排他原理」を発見した．量子力学では電子の状態は①エネルギ，②軌道角運動量（原子核の周りの電子の回転に対応する），③スピン（電子の自転に対応する）で決まる離散化された状態で記述される．「1 つの電子の状態には 1 個の電子しか存在できない」というのが「排他原理」で

図 3-25 ヴェルナー・カール・ハイゼンベルグ
（1901–1976）（1927 年頃の写真）

図 3-26 ヴォルフガング・エルンスト・パウリ（1900–1958）（1922 年頃の写真）

ある。電子のように排他原理に従う粒子をフェルミ粒子（fermion）といい，光量子のようにこの原理に従わない粒子をボーズ粒子（boson）という。

ボルン（Max Born）は，1926 年，「シュレーディンガー方程式の解である波動関数の絶対値の二乗が粒子の存在確率を意味する」ことを発見し，波動関数の物理学的意味を初めて与えた。ディラックは1928年，「相対性理論と量子力学を結びつけた理論」を確立した。彼はスピンに関するディラック方程式を導出した。

ソルベー会議の出席者全員は同じホテルに滞在し，朝食や夕食の際でも討論

図 3-27 マックス・ボルン
（1882–1970）

図 3-28 ポール・エイドリアン・モーリス・ディラック（1902–1984）（1933 年頃の写真）

図 3-29　第 5 回ソルベー会議での写真（1927 年）

が行われた。アインシュタインは討論の場で,「量子力学における確率的な解釈はサイコロをふるのと同じように不確実なものである。神はサイコロをふるような事はしない」と批判した（ホーキング, 2001: 37）。量子力学における確率的な解釈は妥当であると考えていたボーアはアインシュタインと激しく議論した。2 人の議論はその後約 4 年間続いたが, 1931 年 2 月にアインシュタインはボーアの考えを受け入れ, 量子力学に対する彼の考えは大きく変わった（Pais, 1982: 448）。その結果, 同年 9 月に彼はハイゼンベルクとシュレーディンガーをノーベル賞受賞者に推薦する手紙をノーベル委員会に送った。

　1928 年初め, アインシュタインは過労で体調を崩した。心臓肥大の診断が

補遺 3-5　シュレーディンガー

　シュレーディンガーは 1887 年, ウイーンで生まれた。父（Rudolf Schrödinger）は小さなリノリウム工場を経営し, ウイーンの動植物学会に論文を発表し, また学会副会長を務めた高い学識と教養豊かな人物であった。母方の祖父母がイギリス人であったため, 家庭では英語とドイツ語が使われていた。彼は家庭教師から教育を受けていたので, 11 歳まで学校に通う必要がなかった。1898 年, ウィーンのアカデミー・ギムナジウムに入学した。ここで, ラテン語, ギリシャ語に重点を置いた教育を受け, 全学年通じて首席であった。
　1906 年, 彼はウイーン大学に入学し, 物理学を専攻した。実験物理学のエクスナー（Franz Exner）教授から指導を受けた。入学して 2 年目に, ボルツマンの後任であったハーゼノール（Friedrich Hasenöhrl）の講義で, ボルツマンの統計力学

(本章 4 節参照☞ 93 頁) に関する業績を聴き感銘を受けた。ハーゼノールから数理物理学の方法，偏微分方程式の固有値問題の数学的取り扱い方法をも修得した。1910 年に論文をウィーン大学に提出して博士の学位を取得した。

　卒業後，1 年の兵役の後，ウイーン大学物理学教室の実験助手となり直接，目で自然現象を見ることにより測定とは何かを学んだ。研究テーマは電気学，大気中の電気に対する放射能の影響，音響学，光学，色彩論と多方面におよんだ。1914 年，教授資格を取得した。第一次世界大戦が始まり，召集を受け 4 年間，オーストリア西南前線に要塞砲兵官として従軍した。しかし，従軍中も彼は学術文献を読んでいた。終戦後の 1918 年 11 月，ウイーン大学の第 1 物理学教室に戻った。1920 年，ドイツのイエナ大学で理論物理学の講義をし，しばらくして，シュタットガルト大学に移った。1921 年，チューリッヒ大学の教授となった。そこで原子構造についての研究を行い，1924 年にド・ブロイの論文を読み，深い影響を受けた。

　1926 年，「波動力学」についての革新的な研究成果を発表し，すでに述べたようにハイゼンベルグと共に量子力学の確立に寄与した。1927 年，ベルリン大学のプランクの後任として理論物理学主任教授に就任した。そこで，アインシュタインと知り合った。シュレーディンガーはカトリック教徒でユダヤ教徒ではなかったが，ユダヤ人迫害を国策とするナチが支配するドイツに留まりたくないと思い，オクスフォード大学からの教授就任の招聘を受けて 1933 年にイギリスへ移った。同年，ノーベル物理学賞を受賞した。1936 年から 1938 年の間，オーストリアのグラーツ大学に赴任するが，ナチから政治的不適格者として大学を解雇された。その後，彼はアイルランドのダブリンに移り，高等研究所所長となった。1956 年，ウイーン大学の理論物理学特別教授となり，1957 年に定年退官を迎えた（ホフマン，1990）。

図　エルヴィン・ルードルフ・ヨーゼフ・アレクサンダー・シュレーディンガー
(1887-1961)（1933 年頃の写真）

下されたので4カ月間，ベッドで安静にし塩分を控えなければならなかった。1929年，ベルリン近郊のカプスに小さな家を建てた。そこで，50歳の誕生日を迎えた。友人から祝いとして帆船を贈られ，彼は近くのハーベル川でセイリングするのを一番の楽しみとした（Pais, 1982: 317）。

13　プリンストン

　アインシュタインは1932年にプリンストン高等学術研究所から招聘の交渉を受けた。彼の最初の案では1年のうち7カ月間はベルリンで5カ月間はプリンストンで暮らすというものであった。しかし，ナチの台頭によりドイツでの滞在が困難になりつつあったためこの案は実現しなかった。研究所のディレクターであるフレクスナー（Abraham Flexner）との3回の会談の後，同年10月に任用が承認され，12月にアメリカに向けてドイツを発った。

　カプスの家の戸締りをする時，妻に「二度とカプスを見ることは無いだろう」と述べた（Pais, 1982: 450）。なぜなら7月にはナチがすでに大躍進していたからである。

　1933年1月30日，ヒトラー（Adolf Hitler）がドイツ首相に就任した。3月28日，アインシュタインはプロイセン科学アカデミーに辞表を送った。彼を19年前にプロイセン科学アカデミーに呼んだプランクはこの時，秘書官に「たと

図3-30　プリンストンで撮られたアインシュタインの写真（1935年）

え政治的な深い溝が私と彼を引き裂いたとしても，来たるべき何世紀にも渡って，アインシュタインの名はアカデミーにおいて最も輝いたスターの1人として賞賛されるであろうことを私は確信する」と述べた（Isaacson, 2017: 406）。アインシュタインがプロイセン科学アカデミーに辞表を送った1週間前に，彼のカプスの家がドイツ政府によって手入れされたが，見つかったのはパン切りナイフのみであった（Pais, 1982: 450）。

ヒトラーの首相就任のニュースをプリンストン滞在中に聞いたアインシュタインは，二度とドイツに戻らないと決意した（レイン，1991; 94）。1933年10月に，彼はプリンストン高等学術研究所の終身教授になった。1935年，マーサ街（Mercer Street）112の邸宅を購入し，生涯の家とした。1936年に，妻が心臓の病気に罹り，12月20日，逝去した。その少し後，彼はボルンへの手紙で，彼が以前より社交的でなくなった理由を次のように述べた。「私は洞穴の中の熊のような暮らしをしており，波乱の多かった私の人生において今までよりもくつろいでいる。この熊のような特性は，私より人の扱いが上手だった伴侶の逝去により，さらに高められた」と（Isaacson, 2017: 442）。

1938年，ハーン（Otto Harn）がベルリンで核分裂に成功した。1939年，第二次世界大戦が始まった。この年に，アインシュタインは，ドイツの科学者たちが原子爆弾の研究を続けているかもしれないことを警告する文章をそえて，前述のようにルーズベルト大統領に「原子爆弾の製造が可能である」ことを知ら

図3-31　オットー・ハーン（1879-1968）（1944年頃の写真）

図 3-32　1947 年頃のアインシュタイン

せる手紙を送った。1940 年 10 月 1 日，アインシュタインはアメリカの市民権を得た。1941 年，イギリス政府からの強い働きかけもあって，大統領は原子爆弾製造のための「マンハッタン計画（Manhattan Project）」を極秘裏に進めた。アインシュタインは 1944 年，プリンストン高等学術研究所教授を引退した。引退後も，彼は研究所に出入りしながら自宅で研究を続けた。1945 年，原子爆弾が広島と長崎に投下され，第二次世界大戦は終結した。原子爆弾が使用されたことに非常に心を痛めていた彼は，その後，1948 年，研究所に滞在していた湯川の手を自分の両手で強くにぎりしめて，「罪もない日本人を原子爆弾で殺傷して申し訳ない」と涙を流してわびた（湯川，1976: 200）。

　妹（Maja Winteler）夫婦は，彼が彼らのために購入したフィレンツェ郊外の家に住んでいたが 1939 年のムッソリーニ（Benito Mussolini）の民族法によって追放され，夫（Paul）はジュネーブへ移り，妹はプリンストンに来てアインシュタインと暮らしていた。戦争が終わってすぐに妹は夫と再び一緒に暮らす準備をしていたが叶わなかった。1946 年，妹が脳溢血で倒れた。意識は明瞭であったが寝たきりとなり話すことができなくなった。アインシュタインは毎夕食後，彼女のために本を読むのを日課としていた。この日課は 1951 年 6 月，彼女が逝去するまで続いた。

　アインシュタインはヘブライ大学の創設基金の調達に尽力し，1925 年から 1928 年まで大学の理事を務めていた。1948 年に腹部動脈瘤の診断が下され，

その 1 年後に動脈瘤が大きくなっていると指摘されたので，1950 年に彼は遺書を書き始め，彼自身の科学的な書類をヘブライ大学に預けた。1952 年，イスラエルの初代大統領が逝去したため，イスラエル政府は彼に 2 代目大統領就任を要請したが彼はその要請を断った。

　「最初の原子爆弾投下は広島市だけでなく，さらに多くのものを破壊した。核兵器を無くすための超国家的システムの創設のみが人類を救う」とアインシュタインは述べた（Pais, 1982: 474）。彼は，逝去する 1 週間前に，ラッセル（Bertrand Arthur William Russell）に手紙を書いた。それは世界中の国が核兵器を廃絶することを主張する宣言文に署名することに同意する手紙であった。核兵器を廃絶することが国際平和を願っていた彼の望みであった。この宣言文は現在ラッセル・アインシュタイン宣言と呼ばれている。

　アインシュタインは腹部動脈瘤の破裂で 1955 年 4 月 13 日午後に倒れたが，手術を拒否した。15 日にプリンストン病院に運ばれた。その夕刻に長男（Hans Albert）に電話がなされた。長男は急いでプリンストンに向かい翌日午後に病院に着いた。長男は 1938 年からバークレーに住んで 1947 年以降，カリフォルニア大学バークレー校で水力学の教授を務めていた。1955 年 4 月 18 日午前 1 時 15 分にアインシュタインは逝去した。告別式は長男とアインシュタインの親しい友人を含む 12 人で行われた。火葬され，公にされていない場所に散骨された。

　アインシュタインは大学を優秀な成績で卒業したにもかかわらず就職先が決まらず，研究生活のスタートにおいて辛い時期を過ごした。友人グロスマンの計らいで特許局に就職してから，勤務後の時間を利用して自宅で自分の研究を続けた。その成果が 1905 年に 3 つの重要な論文として世に発表された。この発表によってそれまでの物理学に革命がもたらされた。彼が望んでいた大学というアカデミックな勤務地でない場所での研究の蓄積が大きなインパクトを世に与えた。逆境にあっても意欲をもち続け，自分の目標に向かって努力することの大切さを彼は私たちに教えてくれる。彼の確立した相対性理論は人類が作った最も美しい理論といわれている。

参考文献

アインシュタイン，E.／内山龍雄［訳］(1988)．『相対性理論』岩波書店.

アインシュタイン，E.／スタチエル，J.［編］／青木　薫［訳］(2011)．『アインシュタイン論文選―「奇跡の年」の5論文』筑摩書房.

アインシュタイン，E.／矢野健太郎［訳］(2015)．『相対論の意味』岩波書店.

アインシュタイン，E.／井上　健［訳］(2018)．『科学者と世界平和』講談社.

塩山忠義 (2002)．『センサの原理と応用』森北出版.

朝永振一郎 (1952)．『量子力学 I』，みすず書房.

南部陽一郎 (1998)．『クォーク 第2版―素粒子物理はどこまで進んできたか』講談社.

ホーキング，S.／佐藤勝彦［訳］(2001)．『ホーキング，未来を語る』アーティストハウス.

ホフマン，D.／櫻山義夫［訳］(1990)．『シュレーディンガーの生涯』地人書館.

メラー，C.／永田恒夫・伊藤大介［訳］(1959)．『相対性理論』みすず書房.

湯川スミ (1976)．『苦楽の園』講談社.

湯川秀樹 (2011)．『旅人―ある物理学者の回想』角川学芸出版.

湯川秀樹・田村松平 (1955–1962)．『物理学通論』上・中・下，大明堂.

レイン，D. J.／岡部哲治［訳］(1991)．『アインシュタインと相対性理論』玉川大学出版部.

Isaacson, W. (2017). *Einstein: His life and universe*. London: Simon & Schuster UK Ltd..

Michelson, A., & Morley, E. (1887). On the relative motion of the Earth and the luminiferous ether. *American Journal of Science*. **34**(203), 333–345.

Pais, A. (1982). *Subtle is the lord: The science and the life of Albert Einstein*. Oxford: Oxford Univrsity Press.

Zee, A. (2010). *Quantum field theory in a nutshell*. Princeton: Princeton University Press, Princeton.

年　譜

ニュートン	
1643	1月4日，アイザック・ニュートン，ウールスソープで誕生
1646	母ハナ，バーバナス・スミスと再婚
1649	チャールズ1世処刑される。清教徒革命始まる
1653	クロムウェル，護民官になる
1653	継父スミス逝去
1654	キングス・スクール入学
1658 〜 1660	キングス・スクール休学
1660	チャールズ2世即位。王政復古なされる
1661	6月ケンブリッジ大学トリニティ・カレッジ入学
1663	アイザック・バロー，トリニティ・カレッジ初代ルーカス数学教授就任
1665	学士の学位取得
1665 〜 1667	ペスト流行のため大学閉鎖。故郷ウールスソープで研究
1667	マイナー・フェローになる
1668	修士の学位取得。メジャー・フェローになる
1669	ルーカス数学教授就任
1671	自作反射望遠鏡を王立協会に寄贈
1672	最初の論文「光と色の理論」，哲学会報に発表
1677	アイザック・バロー逝去
1679	母ハナ逝去
1684	エドモンド・ハリー，ケンブリッジ訪問，ニュートンに原稿依頼
1685	ジェームズ2世即位
1687	『プリンキピア』出版
1689	ウィリアム即位
1696	造幣局監事就任
1699	造幣局長官就任
1701	ケンブリッジ大学教授引退
1703	英国王立協会会長就任
1705	ナイトの爵位授与される
1727	3月20日，ケンジントンで逝去。ウェストミンスター大寺院に埋葬される

ファラデー	
1791	9月22日，マイケル・ファラデー，ロンドン郊外バッツで誕生
1793	ルイ16世，王妃マリー・アントワネット，処刑される
1800	アレッサンドロ・ボルタ，電池発明
1804	店主リボーの製本屋に配達人として雇用される。ナポレオン，皇帝に即位
1805	同製本屋で年期奉公人となる
1810	ジョン・タタムの講演を聴講
1812	ハンフリー・デイヴィーの講演を聴講。年期奉公修了，ド・ラ・ロシュの店に移る
1813	1月，ハンフリー・デイヴィーと会見
	3月，王立研究所実験助手に着任
	10月，ハンフリー・デイヴィーに伴って大陸旅行に出発
1815	4月，大陸旅行終え，ロンドンに到着
1820	エールステッドの発見
1821	エールステッドの逆実験に成功。サラと結婚
1823	塩素ガスの液化に成功
1824	英国王立協会フェローに選出される
1825	王立研究所実験室主任に昇格。ベンゼンを発見。金曜講演開始。ウィリアム・スタージョン，電磁石発明
1826	クリスマス講演開始
1829	ハンフリー・デイヴィー，ジュネーブで逝去
1829	英国士官学校化学教授就任（〜1851年）
1831	電磁誘導の論文投稿。1832年出版
1833	電気分解の法則発見
1836	トリニティ・ハウス・アドバイザーに任命される（〜1865年）
1840	オイルランプの新型煙突発明
1844	ハズウェル炭鉱爆発事故の審理をピール首相から依頼される
1845	ファラデー効果発見。反磁性体発見
1853	クリミア戦争（〜1856年）
1854	化学兵器使用反対
1858	ハンプトン・コートのグレイス・アンド・フェイバー邸をヴィクトリア女王から提供される
1867	8月25日，ハンプトン・コートで逝去。ハイゲート墓地に埋葬される

アインシュタイン	
1879	3月14日，アルバート・アインシュタイン，ウルムで誕生
1888	10月，ルイポルト・ギムナジウム入学
1895	チューリッヒ工科大学の入学試験失敗
1896	10月，チューリッヒ工科大学入学
1900	卒業資格取得試験に合格。マックス・プランクが「エネルギ量子」説を提唱
1902	ベルンの特許局に臨時職員として勤務。1904年に正職員として勤務
1903	ミレーバと結婚
1904	ヘンドリック・ローレンツ，ローレンツ変換導出
1905	「光電効果」，「特殊相対性理論」，「ブラウン運動」の論文を発表
1906	ルートヴィッヒ・ボルツマン逝去
1907	固体の比熱問題を解決
1908	ベルン大学私講師就任
1909	チューリッヒ大学準教授就任
1911	プラハのカール・フェルディナンド大学教授就任
1912	チューリッヒ工科大学教授就任
1913	一般相対性理論の論文をマルセル・グロスマンと共著で発表。ニールス・ボーア，原子モデルを提唱
1914	ベルリン大学教授就任。第1次世界大戦開始
1916	一般相対性理論の完成版出版
1919	アーサー・エディントン，皆既日食観測により，「太陽の重力による光の屈折現象」に関するアインシュタインの予測を確認
	ミレーバと離婚。エルザと再婚
1921	ヘブライ大学建設基金調達のためアメリカ訪問
1922	ノーベル物理学賞受賞
1924	ルイ・ド・ブロイ，粒子の波動性，ド・ブロイの関係式を提唱
1925	ヴェルナー・ハイゼンベルグ，「行列力学」確立
1926	エルヴィン・シュレーディンガー，「波動力学」確立
1932	キャベンディッシュ研究所のジョン・コッククロフトとアーネスト・ウォルトン，「エネルギと質量の等価性」を核分裂反応により検証
1933	ヒトラー，首相に就任
	プリンストン高等学術研究所終身教授就任
1936	エルザ逝去
1938	オットー・ハーン，ベルリンで核分裂に成功
1939	第2次世界大戦開始。「原子爆弾の製造可能性」を述べた手紙をルーズベルト大統領に送付
1944	プリンストン高等学術研究所教授を引退
1945	日本に原子爆弾投下。第2次世界大戦終結
1952	イスラエル2代目大統領就任要請を断る
1955	4月18日，プリンストンで逝去。火葬され彼の子息と友人たちによって散骨される。ラッセル・アインシュタイン宣言を公表

事項索引

ア行

アボガドロの法則　71
アボガドロ数　71
アンペールの法則　49

位置エネルギ　36
一般相対性原理　106
一般相対性理論　8, 105-114
色収差　10, 19
引力　14, 25-27

ウィーンの法則　34, 94
運動エネルギ　36
運動の三法則　23, 24
運動の法則　23, 24

英国王立協会フェロー　20
エーテル　28, 95, 96, 98-100
エールステッドの発見　52, 63
液体空気　57, 58
液体酸素　58
液体水素　57
エネルギ量子　i, 21, 22, 34, 88, 92, 93
遠心力　23, 25
塩素ガスの液化　55, 58, 61

オイラー方程式　36, 109, 111
王立研究所　44-46, 48, 51, 52, 54, 58-61,
　74, 80

カ行

解析力学　ii, 33
回折現象　20
外力のモーメント　35
『化学原論』　47
化学当量　70, 71

角運動量　35
核分裂反応　101, 102
加速度系　106-109
ガリレイ変換　95, 96, 98-100
干渉縞　96-98
慣性系　ii, 95, 96, 98-100, 106, 108-110
慣性の法則　11, 14, 23, 24, 95

『幾何学原論』　13
気体運動論　89, 93
逆二乗則　9, 15, 25, 26
球面収差　10, 17
近日点　8, 111-113
金曜講演　60

クーロンの法則　73
クリスマス講演　60

計量テンソル　106-109
ケプラーの第一法則　8
ケプラーの第二法則　9, 26
ケプラーの第三法則　9, 15, 25
原子核　102, 116
原子爆弾　101, 123-125

剛体　35
　――の力学　33, 35
光電管　93
光電効果　i, 21, 22, 92, 93
光電子増倍管　93
交流発電機　64
光量子　21, 92
極低温　44, 58

サ行

最小作用の原理　33, 36

作用反作用の法則　23, 24

磁化　40, 76
磁界　21, 65
時空のゆがみ　104, 107-109
磁性体　40, 76
磁束密度　65-67
質量欠損　101, 102
質量とエネルギの等価性　101, 102
磁場　74-76
自由電子　66
自由落下　12, 14
重力　104, 107-114
重力によるスペクトル線のずれ　113
重力による光の屈折現象　104, 111, 113
重力場方程式　105, 107, 113
ジュール・トムソン効果　57
シュレーディンガー方程式　118, 119
蒸気圧曲線　56
焦点距離　17
磁力線　62, 64, 66

水星の近日点の移動　8, 111, 113

整流子　65
ゼーマン効果　76
世界線　108
世界点　108
積分法　15, 16, 32
絶対温度　56, 94

相対性原理　ii, 98-101
相対性理論　ii, 84
相対論的質量　101, 109
測地線　108, 109

タ行
ダイナモ　64, 65
太陽電池　70
多段階冷却方式　57

力の遠隔作用　28
力の近接作用　28
蓄電器　74
地動説　i, 6, 10, 11, 23
中間子　116
超伝導現象　58
直流発電機　64

デイヴィー灯　51
デュアー瓶　44
電界　21, 65, 66
電気分解　44, 68, 70, 71
　　──の法則　71
電磁回転　53, 54
電磁石　58, 61
電磁波　21, 33, 34, 99
電磁方程式　21, 33, 65
電磁誘導　i, 40, 62, 66, 67
テンソル解析　103
電動機　40, 53, 62
電場　74
電力線　64, 65

統計力学　93, 95
特殊相対性原理　106
特殊相対性理論　34, 93, 95, 98, 100

ナ行
ニュートンの運動方程式　36

熱輻射　i, 34, 92, 94

ハ行
排他原理　118, 119
発電機　40, 62
波動関数　118, 119
波動方程式　21
波動力学　118, 121
反磁性　76
反射望遠鏡　18, 20

事項索引　　*133*

万有引力　　*23, 27, 28*

光の二重性　　*21*
光の波動性　　*20, 21*
光の粒子性　　*20, 21*
微分法　　*15, 16, 32*
非ユークリッド幾何学　　*107*

ファラッド　　*74, 81*
ファラデー効果　　*75*
フェルマーの原理　　*110, 111*
フェルミ粒子　　*119*
ブラウン運動　　*93, 95*
ブラックホール　　*113*
プランク定数　　*22, 93, 118*
プランクの公式　　*34, 93, 94*
振り子の法則　　*10, 12*
プリズム　　*15, 19*
『プリンキピア』　　*i, 23, 25, 27, 32, 33*

変圧器　　*40, 62*
偏光　　*21, 75*
ベンゼン環　　*60*

望遠鏡　　*10, 17*
ボーズ粒子　　*119*
ボルタ電池　　*68-70*

マ行
マイケルソン・モーリーの実験　　*ii, 96-*

99

ミンコウスキー4次元世界　　*106-109*

ヤ行
誘電体　　*40, 72-74*
誘電分極　　*40, 73*
誘電率　　*65, 72-74*
誘導起電力　　*62, 67*

容量　　*73, 74*

ラ行
ライデン瓶　　*42*
落体の法則　　*10-12*
ラグランジアン　　*36*

リーマン幾何学　　*103*
粒子の波動性　　*118*
量子力学　　*i, ii, 21, 34, 92, 118-121*

ルーカス数学教授　　*13, 19*

冷却の法則　　*30*

『ロウソクの化学史』　　*60*
ローレンツ短縮　　*100, 109, 110*
ローレンツ変換　　*100, 101*
ローレンツ力　　*66*

人名索引

ア行

アインシュタイン（Einstein, A.） *i, ii, 21, 22, 34, 64, 83-125*

アリストテレス　*6, 19*

アルキメデス　*10*

アンペール（Ampère, A-M.）　*49, 64*

ウェーバー（Weber, H. F.）　*89*

ウォラストン（Wollaston, W. H.）　*52-55*

ウォルトン（Walton, E. T. S.）　*102*

ウロブルスキー（Wroblewski, Z.）　*58*

エールステッド（Oersted, H. C.）　*52, 53, 63, 128*

エクスナー（Exner, F.）　*120*

エディントン（Eddington, A. S.）　*111, 113, 114, 129*

オイラー（Euler, L.）　*ii, 33, 36*

オストワルド（Ostwald, F. W.）　*89*

オルセウスキー（Olszewski, K.）　*58*

オルデンバーグ（Oldenburg, H.）　*20-22*

オンネス（Onnes, H. K.）　*57, 58, 89*

カ行

カーライル（Carlisle, A.）　*68*

ガリレオ（Galileo Galilei）　*i, ii, 2, 5-7, 10-12, 14, 17, 23, 50*

ガルバーニ（Galvani, L.）　*69*

キュリー（Curie, M.）　*116*

キルヒホッフ（Kirchhoff, G.）　*88*

グロスマン（Grossmann, M.）　*88-91, 103, 104, 125, 129*

ゲイ＝リュサック（Gay-Lussac, J. L.）　*68*

ケクレ（Kekule von S., F. A.）　*60*

ケプラー（Kepler, J.）　*i, ii, 5, 6-10, 14, 17*

コッククロフト（Cockcroft, J. D.）　*102, 129*

コペルニクス（Copernicus, N.）　*i, 6, 7, 10*

コリンズ（Collins, J.）　*18, 20*

サ行

ザンガー（Zannger, H.）　*104*

シュレーディンガー（Schrödinger, E. R. J. A.）　*ii, 117, 118, 120, 121, 129*

スタージョン（Sturgeon, W.）　*61, 62, 128*

スワン（Swan, J.）　*78*

ゼーマン（Zeeman, P.）　*76*

タ行

ダーウィン（Darwin, C.）　*33*

ダランベール（d'Alembert, J. L. R.）　*33*

デイヴィー（Davy, H.）　*43-49, 51, 52, 54, 55, 59, 61, 70, 81, 128*

ディラック（Dirac, P. A. M.）　*117, 119*

人名索引　135

デカルト（Descartes, R.）　*5, 6, 12, 13, 15, 28*
テナール（Thenard, L. J.）　*68*
デュアー（Dewar, J.）　*44, 58*
デュマ（Dumas, J-B-A.）　*50*

ド・ブロイ（de Broglie, L-V. P. R.）　*ii, 117, 118, 121, 129*
トムソン（Thomson, W.）　*75*

ナ行
ニコルソン（Nicholson, W.）　*68*
ニュートン（Newton, I.）　*i, ii, 1-37, 40, 64, 92, 95, 99, 101, 107, 108, 111-113*

ハ行
ハーゼノール（Hasenöhrl, F.）　*120, 121*
ハーン（Harn, O.）　*123, 129*
ハイゼンベルグ（Heisenberg, W. K.）　*117-121, 129*
パウリ（Pauli, W. E.）　*118, 119*
パジェット（Paget, E.）　*26*
ハリー（Halley, E.）　*25-27, 127*
バロー（Barrow, I.）　*12, 13, 15, 18, 19, 22, 26, 127*
バンクス（Banks, J.）　*45, 46, 52, 59, 68*

ヒルベルト（Hilbert, D.）　*105*

ファラデー（Faraday, M.）　*i, ii, 2, 33, 39-81*
フィゾー（Fizeau, A. H. L.）　*96*
フィリップス（Phillips, R.）　*43, 52, 59*
フーコー（Foucault, J. B. L.）　*96*
フック（Hooke, R.）　*20, 21, 25, 26, 32*
ブラーエ（Brahe, T.）　*6-8*

ブラウン（Brown, R.）　*93*
ブラウンカー（Brouncker, W.）　*18*
ブラッグ父子　*44*
プラトン　*6*
プランク（Planck, M. K. E. L.）　*i, ii, 21, 34, 88, 92-94, 104, 117, 118, 121, 122, 129*
フレクスナー（Flexner, A.）　*122*

ベブレン（Veblen, O.）　*116*
ヘルツ（Hertz, H. R.）　*21, 33, 88*
ヘルムホルツ（Helmholtz, H. L. F. von）　*88*

ホイヘンス（Huygens, C.）　*20, 21*
ボーア（Bohr, N. H. D.）　*117, 118, 120, 129*
ホームズ（Holmes, F.）　*78*
ボルタ（Volta, A.）　*ii, 50, 68-70, 128*
ボルツマン（Boltzmann, L. E.）　*34, 88, 93, 120, 129*
ボルン（Born, M.）　*119, 123*

マ行
マイケルソン（Michelson, A. A.）　*96, 98*
マクスウェル（Maxwell, J. C.）　*i, ii, 2, 21, 33, 34, 40, 64, 65, 74, 88, 92, 93, 95, 99*

ミッチェルリッヒ（Mitscherlich, E.）　*60*
ミンコウスキー（Minkowski, H.）　*88*

モーリー（Morley, E. W.）　*96, 98*

ヤ行
湯川秀樹　*116, 117, 124*

ラ行

ライエル（Lyell, C.） *79*

ライプニッツ（Leibniz, G. W. von）
15, 16, 32

ラグランジェ（Lagrange, J. L.） *ii,*
33, 36

ラッセル（Russell, B. A. W.） *125*

ラボアジェ（Lavoisier, A-L. de） *47*

リッチ＝クルバストロ（Ricci-Curbastro,
G.） *103*

レビ＝チビタ（Levi-Civita, T.） *103*

ローレンツ（Lorentz, H. A.） *88, 100,*
104, 129

ワ行

ワトソン（Watson, W.） *77, 78*

著者紹介
塩山忠義（しおやま ただよし）
1966 年　京都大学理学部物理学科卒業
1984 年　工学博士（京都大学）
現在　　　京都工芸繊維大学名誉教授
著書に『センサの原理と応用』（森北出版, 2002 年），『画像理解・
パターン認識の基礎と応用』（トリケップス, 2010 年）など。

ニュートン・ファラデー・アインシュタイン
偉大な科学者の生涯から物理学を学ぶ

2019 年 12 月 24 日　　初版第 1 刷発行	定価はカヴァーに 表示してあります

　　　　　　　著　者　塩山忠義
　　　　　　　発行者　中西　良
　　　　　　　発行所　株式会社ナカニシヤ出版
　　　　　　☎606-8161　京都市左京区一乗寺木ノ本町 15 番地
　　　　　　　　　　　　Telephone　　075-723-0111
　　　　　　　　　　　　Facsimile　　075-723-0095
　　　　　　Website　http://www.nakanishiya.co.jp/
　　　　　　Email　　iihon-ippai@nakanishiya.co.jp
　　　　　　　　　　　　郵便振替　01030-0-13128

印刷＝ファインワークス／装幀＝白沢　正
Copyright ⓒ 2019 by T. Shioyama.
Printed in Japan.
ISBN978-4-7795-1431-9　C0040

本書のコピー, スキャン, デジタル化等の無断複製は著作権法上の例外を除き禁じられています。本書を代行業者等の第三
者に依頼してスキャンやデジタル化することはたとえ個人や家庭内での利用であっても著作権法上認められていません。